W0175326

# DIE ZERBRECHLICHKEIT DER WELT

MIX
Papier aus verantwor-
tungsvollen Quellen
**FSC® C083411**

FSC
www.fsc.org

Stefan Thurner:
Die Zerbrechlichkeit der Welt

Alle Rechte vorbehalten

© 2020 edition a, Wien
www.edition-a.at

Cover: Isabella Starowicz
Satz: Sophia Stemshorn

Gesetzt in der Premiera
Gedruckt in Deutschland

1   2   3   4   5   —   23   22   21   20

ISBN 978-3-99001-428-8

STEFAN THURNER

# DIE ZERBRECHLICHKEIT DER WELT

## KOLLAPS ODER WENDE.
## WIR HABEN ES IN DER HAND.

edition a

# INHALT

# KAPITEL 1: **EINE FANTASTISCHE CHANCE**

*Die Welt ist ein komplexes System, das aus vielen anderen mitei-
nander interagierenden komplexen Systemen besteht. Die Wissenschaft beginnt, das zu verstehen. Damit könnten wir die aktuellen
großen Probleme aus eigener Kraft lösen. Wir müssen es nur wollen.*

Wenn wir alles über jeden und jede wüssten, was wäre
dann? Was könnten wir mit diesem Wissen anfangen?

Einen Eindruck von der Antwort auf diese Frage bekam
ich vor einiger Zeit, als ein genialer Mathematik-Student
mein Büro betrat. Er wollte eine Dissertation schreiben
und ich fragte ihn, was ihn an der Mathematik oder der
Physik fasziniere. Er meinte, dass er sein Diplom zwar in
Mathematik gemacht habe, dass ihn aber weder Mathematik noch Physik besonders interessieren würden. Wofür er
wirklich brennen würde, seien Computerspiele. Er erzählte
mir, dass er mit einem Freund Online-Spiele spiele, wann
immer sie Zeit hätten.

Ich beschloss, freundlich zu bleiben, ihm noch zwei Mi-
nuten zu geben und mich dann unter irgendeinem Vor-
wand zu verabschieden. Indessen berichtete er weiter. Die
verfügbaren *Massive Multiplayer*-Online-Computerspiele
seien meistens relativ schlecht. Deshalb hätten sein Freund
und er ein eigenes erfunden, entwickelt und online gestellt: das Pardus-Spiel. Ich fragte ihn, wie viele Menschen
das spielen würden. »Nicht ganz 500.000«, antwortete er.

»Wie viele?«, fragte ich.

»Fast eine halbe Million«, sagte er.

Das *Pardus*-Spiel, das die beiden entwickelt hatten, ist eine Art Science-Fiction-Version unserer Welt. Die Spieler und Spielerinnen leben als Avatare in ihren Raumschiffen und Satelliten in fernen Sonnensystemen. Wer in dieser Welt landet, stellt zuerst einmal fest, dass er oder sie kein Geld hat. Man muss also arbeiten, um vernünftig leben zu können, einen Job suchen oder sein eigenes Unternehmen gründen. Avatare arbeiten und produzieren dabei als Mitarbeiter oder Unternehmerinnen die verschiedensten Güter, andere vertreiben diese und handeln mit ihnen, wieder andere kaufen und konsumieren sie. Dabei geben sie ihr verdientes Geld wieder aus, etwa für Prestige-Objekte wie schöne neue Raumschiffe oder sie investieren in neue Fabriken.

Neben dem ökonomischen gibt es im *Pardus*-Universum auch ein reges soziales Leben. Spieler und Spielerinnen treffen einander und interagieren miteinander. Sie kommunizieren in Chats, Foren und über private Nachrichten. Sie bilden Gruppen, nicht nur in Form von Freundschaften oder Unternehmen, sondern auch in Form von politischen Parteien, Städten oder Staaten.

Es gibt kein eigentliches Ziel des Spiels. Jede Spielerin und jeder Spieler beziehungsweise jeder Avatar muss seinen Sinn darin selbst finden und sich seine Ziele selbst stecken. Unter den Avataren gibt es Reiche und Arme, Industrielle und VagabundInnen, UnternehmerInnen und Angestellte, PolitikerInnen und Kriminelle, FührerInnen und Geführte, PräsidentInnen und EinzelgängerInnen. Es gibt auch Spieler und Spielerinnen, die sich als Piraten organisieren, und welche, die sich als Reaktion darauf organisieren, um die Piraten zu bekämpfen und loszuwerden. Eine Polizei bildete sich, genauso wie ein Justizsystem. Es gibt sogar Avatare, die als WissenschaftlerInnen verstehen wollen, wie das Spiel funktioniert, darunter BiologInnen und PhysikerInnen. Die virtuellen BiologInnen klassifizieren die *Spacemonster*, die PhysikerInnen sehen sich an, wie viel Energie ihr Raumschiff verbraucht, wenn sie damit an einem Planeten vorbeifliegen, und ziehen daraus Rückschlüsse auf die Struktur des virtuellen Universums.

Ich fragte den Studenten, ob er und sein Freund die Daten, die jeder Avatar hinterließ, mitschreiben würden. Er nickte. »Etwa ein halbes Terabyte pro Halbjahr fällt an«, sagte er. »Wir schreiben alles mit. Jede einzelne Aktion.«

Die Schöpfer des *Pardus*-Universums wussten, wer in welcher Sekunde wo war, wer sich wie verhielt, wer sich wie mit anderen verband, wer wie mit Geld umging, wer in welcher Situation wie reagierte, wer wem etwas schenkte und wer wem etwas stahl oder sonst etwas Böses tat. Sie wussten tatsächlich alles über jeden und jede. Mir dämmerte, dass damit wahrscheinlich zum ersten Mal in der Wissenschaftsgeschichte ein kompletter Datensatz über eine menschliche Gesellschaft vorlag, auch wenn diese virtuell war. Ein Datensatz, der sich wissenschaftlich analysieren ließ. »Ich glaube, wir haben hier ein Thema für eine Dissertation«, sagte ich zu dem Studenten. Wir begannen eine lange gemeinsame Reise der Erforschung der *Pardus*-Welt[1]. Heute ist der Student, Michael Szell, Professor an der *IT-Universität* in Kopenhagen.

Zunächst hatten wir eine entscheidende Frage zu klären. Ließ das Verhalten der Spieler im *Pardus*-Universum wirklich Rückschlüsse auf das Verhalten von Menschen in der echten Welt zu? Nur dann wäre die Arbeit mit den Daten, die diese Spieler hinterließen, auch wirklich relevant.

Das Ergebnis war eindeutig. Wir fanden heraus, dass sich die SpielerInnen in der virtuellen Welt in vielen Bereichen sehr ähnlich wie in der realen verhielten. Wir konnten zum Beispiel nachweisen, dass Freundschafts-, Kommunikations-, aber auch Handels- oder Feindschafts-Netzwerke sehr nahe an das herankamen, was man in der echten Welt beobachtet.

Wir begannen also, die *Pardus*-Daten systematisch auszuwerten. Eine unserer ersten Erkenntnisse war, dass Menschen gerne Beziehungsdreiecke schließen, genauso wie es Soziologen schon vor fast achtzig Jahren postuliert hatten[2]. Wenn ein Mensch A etwa auf einer Party seine Freunde B und C trifft und feststellt, dass diese sich nicht kennen, wird A normalerweise B und C einander vorstellen, und sich freuen, wenn sie sich kennenlernen und anfreunden. Wir Menschen scheinen darauf programmiert zu sein, auf diese Weise Dreiecke zu schließen.

Soziale Netzwerke, die aus vielen Dreiecken bestehen, sind besonders stabil. Wenn jemand in einem Netzwerk mit vielen geschlossenen Dreiecken ausfällt, passiert nicht viel, das Netzwerk verändert sich kaum, hält weiter zusammen und »funktioniert«. Der Homo Sapiens legt Wert auf stabile soziale Netzwerke[3]. Das wussten wir bereits, doch nun konnten wir es erstmals messbar machen und quantifizieren.

Bevor das Spiel im *Pardus*-Universum beginnt, muss jeder Spieler und jede Spielerin das Geschlecht des Avatars wählen, das sich im weiteren Verlauf nicht mehr ändern lässt. Also sahen wir uns als nächstes die Unterschiede an, wie Frauen und Männer ihre sozialen Netzwerke knüpfen. Einige Klischees bestätigten sich dabei, andere konnten wir widerlegen.

Zum Beispiel sahen wir, dass Frauen besser darin sind, Dreiecke zu schließen. Sie sind also besonders gute Netzwerkerinnen, wenn es darum geht, stabile Netzwerke zu bilden. Bei Männern sahen wir, dass sie sich besonders gerne mit Menschen vernetzen, die selbst gut vernetzt sind. In solchen Netzwerken lassen sich zwar Informationen schneller weitergeben, sie sind aber weitaus weniger stabil. Wenn in einem solchen Netzwerk ein einziger Knotenpunkt ausfällt, kann ein Teil des Netzwerks auseinanderbrechen.

Wir fanden und dokumentierten eine ganze Reihe weiterer Unterschiede zwischen virtuellen Männern und Frauen. So ist bei Frauen die sogenannte »Wechselseitigkeit« größer als bei Männern. Wenn ich einen Link oder eine Beziehung zu dir etabliere, etablierst du dann auch einen Link zu mir? Frauen tun das öfter als Männer.

Wenn eine Frau einer anderen Frau sagt, »du bist meine Freundin«, kommt die Antwort meist sehr schnell. »Ja, ich bin auch deine Freundin«, lautet sie fast immer. Wenn ein männlicher Avatar zu einem anderen männlichen sagt »du bist mein Freund«, braucht der andere viel länger für eine Antwort, oder er gibt gar keine. Männer haben mehr Feinde als Frauen. *Pardus*-Avatare, die von besonders vielen anderen Menschen gehasst werden, werden aber vorwiegend von Frauen gehasst.

Wenn eine Frau eine andere Frau als Feindin markiert, ignoriert die andere das meistens. Wenn hingegen ein Mann einen Mann als Feind markiert, reagiert der meist sehr schnell: »Ja, ich hasse dich auch«. Frauen ziehen eher positive Verhaltensweisen an als Männer. In Gruppen mit Frauen gibt es weniger Aggression. Und Frauen umgeben sich viel lieber mit anderen Frauen als Männer sich mit anderen Männern umgeben. Frauen kommunizieren insgesamt mehr als Männer. Andererseits sind die sogenannten Super-Kommunikatoren meist männlich. Das sind die Menschen beziehungsweise *Pardus*-Avatare, die mit extrem vielen anderen kommunizieren.

Das *Pardus*-Universum versetzte uns in die Lage, praktisch jede jemals aufgestellte sozialwissenschaftliche These mit Daten zu überprüfen, um so, mit naturwissenschaftlicher Präzision, Aussagen über Gesellschaften zu treffen. Darüber, wie der Homo Sapiens tickt, wie er sich organisiert und welche Formen des Zusammenlebens er typischerweise entwickelt.

So konnten wir anhand der Analyse von Feindschafts-Netzwerken besser verstehen, wie Bestrafung funktioniert. In einer Reihe von wissenschaftlichen Publikationen konnten wir außerdem der Frage nachgehen, wie sich der virtuelle Mensch in Hierarchien organisiert, woher die Armut kommt und ob der Mensch eher gut oder eher böse ist. Wir fanden heraus, wie der Homo Sapiens mit Aggression umgeht, und um wieviel er aggressiver wird, wenn er durch unfreundliche Aktionen seiner Mitspieler gereizt wird.

Die für mich verblüffendste Erkenntnis aus unseren *Pardus*-Analysen war, dass es relativ gut vorhersehbar ist, was Avatare als Nächstes tun. Wenn wir wussten, was ein Spieler bisher getan hatte und wie sich andere Spieler ihm gegenüber verhielten, und das wussten wir wie gesagt immer, konnten wir berechnen, was die nächste Aktion dieses Spielers sein würde. Mit einer Trefferquote von mehr als neunzig Prozent.

Das ist doch alles nur ein Spiel, könnten wir sagen, das ist nicht die echte Welt und nicht alles, was wir im *Pardus*-Universum beobachten und verstehen, gilt auch für das echte Leben. Doch wenn schon in einem Computerspiel Informationen enthalten sind, aus denen wir so viel über die Spezies Mensch und uns als Gesellschaft lernen können, was könnten wir dann erst aus den Informationen lernen, die in weitaus größerer Menge in der echten Welt anfallen?

Praktisch jeder Mensch hinterlässt durch permanente digitale Fingerabdrücke einen ungeheuren Strom von Daten, die mittlerweile unaufhaltsam aufgezeichnet werden. Telefongesellschaften und *Google* besitzen unsere Aufenthaltsorte zu jedem Zeitpunkt. Sie kennen die Gesprächspartner aller Handynutzer und manchmal sogar ihre Gesprächsinhalte. *Google* weiß, welche Fragen wen beschäftigen, *Amazon* weiß, wer was kauft, die Nachrichtenagenturen, Netz- und Social-Media-Anbieter wissen, was wen interessiert, was wer liest, wie sich Meinungen bilden, wie sich Menschen organisieren, wie sie sich unterhalten, wie sie wählen und so weiter.

Wir als Gesellschaft im digitalen Umbruch sammeln nicht nur Informationen über uns Menschen. Überall platzieren wir Sensoren, die Daten erheben und mitschreiben. Wir vermessen schon fast alles, was auf dem Planeten und in seiner Nachbarschaft vor sich geht. Wir erstellen dadurch eine *digitale Kopie* unseres Planeten, in der wir alles speichern, was geschieht. Das Wetter, den Verkehr, wer was wo anbaut, produziert und transportiert, Meeresströme, die Abholzung, die Klimaerwärmung, die Kontinentalverschiebung, Erdbeben, Gravitationswellen und sogar wie sich Berge heben und senken. Sind wir auf dem Weg zur Allwissenheit? Das vermutlich nicht, aber wir sind definitiv auf dem Weg zu vollständiger Information über mehr und mehr Systeme. Alles, was man über sie wissen kann, wird als Information gespeichert.

Information an sich ist noch nicht viel wert, egal wie viel davon vorhanden ist. Wir müssen sie erst »verstehen« und in nutzbares Wissen verwandeln, bevor sie wirksam wird.

Wir müssen Wissen erst aus Information destillieren. Das ist seit jeher die zentrale Rolle und Aufgabe der Wissenschaft, auf die ich noch detailliert zu sprechen kommen werde. Es lässt sich jedenfalls sagen, dass die früher oder später komplette Erfassung aller Vorgänge auf dieser Welt uns unfassbare Möglichkeiten eröffnet. Möglichkeiten, die wichtig werden könnten.

Aber warum erzähle ich das in einem Buch, das von der Zerbrechlichkeit der Welt handelt und davon, was uns bedroht und wo wir ansetzen können, um Katastrophen zu vermeiden? Ich erzähle es, weil ich möchte, dass Sie dieses Buch mit einer positiven Perspektive lesen, obwohl es eigentlich von dunklen Dingen handelt.

Die Zahl der derzeit auf diesem Planeten lebenden Menschen, knapp acht Milliarden, die Art und Weise, wie wir übereingekommen sind, uns zu organisieren, uns fortzubewegen, zu wohnen, uns zu ernähren oder uns zu unterhalten, führt zu einer Reihe von Problemen, die kritisch sind. Kritisch in dem Sinne, dass sie das Zeug dazu haben, unsere gegenwärtige Zivilisation zu einem relativ abrupten Ende zu bringen, zu einem unwiderruflichen und unumkehrbaren Kollaps.

Zu diesen kritischen Problemen gehört allen voran der Klimawandel. Die Erderwärmung, hervorgerufen durch unsere Lebensweise und die dazu notwendigen Dinge wie die Industrie, die Infrastruktur, der Verkehr und die Landwirtschaft werden zu massiven Veränderungen in Bezug auf die Bewohnbarkeit und die Möglichkeiten zur Bewirtschaftung des Planeten führen.

Die Gefahren sind bekannt. Ansteigende Meeresspiegel führen zu Bevölkerungswanderungen, Wetteränderungen führen zu Dürren und Verödung, Zerstörung von Ökosystemen führt zu mehr Treibhausgasen und so weiter. Die Gefahren wachsen auch deshalb, weil viele der ihnen zugrundeliegenden Prozesse selbstverstärkend sind. So etwa setzen Permafrostböden beim durch die Erderwärmung hervorgerufenen Auftauen riesige Mengen des Treibhausgases Methan frei. Zu diesen Gefahren gehörtl auch, dass der Golfstrom stoppen könnte und Europa nicht mehr mit seiner Wärmeenergie versorgt. Doch davon mehr in Kapitel fünf.

Der zweite große Problemkreis, der uns bedroht, ist die Zukunft der Zivilgesellschaft. Demokratie und ihre Institutionen sind nicht gottgegeben, sondern beruhen darauf, dass der Großteil der Menschen an sie glaubt. Doch es bestehen Anzeichen dafür, dass viele aufhören, an die Demokratie als funktionierendes Gesellschaftssystem zu glauben. Den Umstand, dass es nach wie vor Missstände wie Korruption, gesellschaftliche Unfairness oder eine sich immer schneller öffnende Schere zwischen Arm und Reich gibt, schieben die sogenannten National-Populisten in aller Welt der Unfähigkeit der Demokratie und ihren Institutionen in die Schuhe. Als Lösung propagieren sie die Zerschlagung der Demokratie, ohne eine Vision anzubieten, was nachher geschehen soll.[4]

Dass die Demokratie der einzige verlässliche Garant für Freiheit, Gleichheit, Fairness oder Solidarität ist, wird von immer weniger Menschen so gesehen. Dabei steht Demokratie für etwas, das wir im Westen mehr als 300 Jahre lang bitter erkämpft haben. Für die Befreiung von Adel und Kirche, von Dogmen, Ideologien und Führern. Im Zuge dieser Entwicklung hat die westliche Gesellschaft Erfolge erzielt, die ihresgleichen suchen. Meinungs- und Redefreiheit, Frauenrechte und allgemeines Mitspracherecht gehören dazu, ebenso wie die Abschaffung der Diskriminierung aufgrund von Rasse, Glauben, Nationalität oder sexuellen Präferenzen und allmählich sogar das Zugeständnis von

Rechten für andere lebende Geschöpfe. Wir haben es geschafft, Millionen von Menschen in mehr oder weniger prosperierenden Staaten zu verwalten, praktisch ohne Führer, oder mit solchen, die relativ machtlos sind. Das ist vielleicht die größte zivilisatorische Meisterleistung, die wir als Menschheit jemals erbracht haben.

Der mögliche Zerfall der gegenwärtigen westlichen Zivilgesellschaft würde nichts weniger bedeuten, als ein Zurück in Abhängigkeiten und den Verlust der Freiheiten, die uns erlauben, uns als Menschen voll zu entfalten. Er würde zur Wiederauferstehung von Führern führen, die Macht wieder offen einsetzen, sowie den uneingeschränkten Aufstieg von Datenmonopolisten und die totale digitale Manipulation bedingen. Für all diejenigen, die ihre Freiheit lieben, wäre das die ultimative Katastrophe.

Aber auch andere Entwicklungen gefährden die Zivilgesellschaft. Dazu gehören Veränderungen, die langsam vor sich gehen, aber deshalb nicht weniger Grund zur Sorge geben. Wie wirkt sich eine Überalterung der europäischen Gesellschaft aus? Wann kippt das Pensionssystem, wann das Gesundheitssystem, wann der Sozialstaat? Welche Rolle spielen dabei die Migration oder das Wiedererstarken des politischen Einflusses von Religion? Wie wird die Digitalisierung alles verändern? Wer verliert den Job? Wer verliert ohne Job den Sinn im Leben, selbst wenn es ein bedingungsloses Grundeinkommen gäbe?

Die Stabilität der Wirtschaft und des Finanzsystems sind ebenso wenig gottgegeben. Trotz massiver Effizienzsteigerungen sind dort die Risiken nicht verschwunden. Sie sind in den vergangenen Jahrzehnten sogar gestiegen. In den letzten zehn Jahren haben wir zwei massive Finanzkrisen durchlebt und die durch Corona ausgelöste Wirtschaftskrise hat, während ich das hier schreibe, gerade erst begonnen. Die beiden »großen Probleme« Klimakrise und Gefährdung der Zivilgesellschaft sowie die damit zusammenhängenden Probleme, wie der Verlust des gesellschaftlichen Zusammenhalts und die Instabilität des Wirtschafts- und Finanzsystems, das alles könnte zum Untergang unserer Zivilisation führen. Der Kollaps kann plötzlich und unvermutet kommen. Ohne spektakuläre Anzeichen, durch kleine, unscheinbare Auslöser. Die »großen Probleme« hängen miteinander zusammen. Der Klimakollaps kann den Kollaps der Zivilgesellschaft und ihrer Institutionen auslösen, und umgekehrt.

Dass Gesellschaften und Zivilisationen kollabieren, aussterben oder von anderen Kulturen absorbiert werden, ist an und für sich nichts Ungewöhnliches. Luke Kemp von der Universität Cambridge hat gezeigt, dass die durchschnittliche Lebensdauer von Antiken Kulturen etwas mehr als 300 Jahre betrug[5]. Wir können es uns schwer vorstellen, dass die Welt, so wie wir sie kennen, einfach verschwindet. Es gibt in der Geschichte einige Beispiele dafür, dass sich Menschen den Untergang der Welt, in der sie lebten, nicht vorstellen konnten.

Die Römer etwa hielten sich bis zum Schluss für unbesiegbar. Doch egal, ob innere politische Konflikte, religiöse und soziale Umbrüche, Seuchen und Klimaänderung, oder ob Bürgerkriege und Angriffe von außen durch Germanen, Hunnen oder Vandalen daran schuld waren, im Jahr 480 unserer Zeitrechnung hörte ihre Welt auf zu existieren. Durch Chaos, Gewalt, Zerstörung und einen multiplen sozio-ökonomischen Kollaps.

Auch die Rapa Nui auf den Osterinseln dürften den Untergang ihrer Welt nicht kommen gesehen haben[6]. Wahrscheinlich verursachten sie ihn selbst, indem sie für den Bau ihrer riesigen Steinfiguren ihre Wälder abholzten, bis die Insel, durch den permanent wehenden Wind, der Austrocknung und der Bodenerosion schutzlos ausgesetzt war. Die Auswirkungen, die das auf ihre Versorgung mit Nahrungsmitteln hatte, ließ die Bevölkerung rapide schrumpfen, bis nichts mehr von ihr übrig war, außer einer Insel mit der geringsten Artenvielfalt im Pazifik und stummen steinernen Zeugen ihres Untergangs. Hätten die Rapa Nui das kommen gesehen, hätten sie ihre Forstwirtschaft überdacht und aufgehört, Baumstämme als Rollen für den Transport von Steinen zu benützen?

Wie lange dachten die Mayas, dass ihre Welt ewig Bestand haben würde? Wie lange bevor der letzte Habsburger Kaiser Karl I. auf »jeden Anteil an den Staatsgeschäften« verzichtete, dachten die Österreicher, die Monarchie würde für immer weiterbestehen? Wie lange dachten die Deutschen, sie könnten den Zweiten Weltkrieg noch gewinnen? Bis wie lange vor dem Fall des Eisernen Vorhangs dachten die Russen, ihre Union der Sozialistischen Sowjetrepubliken sei ein tragfähiges Konzept, das bis ans Ende der Zukunft reichen würde?

Gesellschaften kollabieren oft unmittelbar. Warum ist ein herannahender Kollaps so schwer zu sehen? Auch Finanzkrisen treten oft unmittelbar auf. So hatte praktisch kein Ökonom die Finanzkrise der Jahre 2008 und 2009 auf dem Radar. Warum erkennt niemand die Anzeichen, warum hört niemand die Warnglocken schrillen? Wieso gibt es im 21. Jahrhundert eigentlich keine Frühwarnsysteme für Kollaps?

Die Antwort hat etwas mit komplexen Systemen zu tun. Unsere Gesellschaft, unsere Wirtschaft, unser Gesundheitssystem genauso wie das Klima oder das Finanzsystem sind komplexe, dynamische Systeme. Auch wenn diese Systeme vollkommen unterschiedlich sind, haben sie eines gemeinsam: Sie kollabieren plötzlich. Über weite Strecken hinweg sind sie erstaunlich stabil, robust und anpassungsfähig, sie erlauben auch Fehler, aber wenn sie zu gewissen Punkten gelangen, dann kollabieren sie – unvermittelt. Diese Punkte sind die sogenannten *Tipping Points.* Ein *Tipping Point* oder ein Kipp-Punkt ist ein »Übergangs-Punkt«. Nachdem ein System so einen Punkt erreicht, ist nichts mehr so, wie es vorher war.

*Tipping Points* sind wie Klippen, die unter der Wasseroberfläche verborgen sind. Wenn man mit einem Schiff draufdonnert, sinkt man. Ein anderes Bild für einen *Tipping Point* ist eine Wanderung, die jemand in dichtem Nebel in einer Berglandschaft unternimmt, die von steilen Abhängen umgeben ist. Wenn der Wanderer an einen Abhang kommt, reicht ein falscher Schritt und er stürzt unvermittelt ab.

Bisher war es nur möglich, die Klippen, über die unsere Vorfahren gestürzt sind, im Nachhinein zu sehen – sobald sich der »Nebel« verzogen hatte. Erst die Geschichte konnte klären, wieso der Abgrund auf einmal da war, und oft nicht einmal sie, wie wir im Fall des römischen Reichs wissen.

Wenn antike Kulturen etwa 300 Jahre alt wurden, wie alt ist unsere? Wann unsere gegenwärtige Kultur genau ihren Anfang nahm, ist nicht leicht zu sagen und bleibt zu einem gewissen Grad willkürlich. Man könnte behaupten, sie begann mit den klassischen Griechen. Oder doch eher mit dem Beginn der modernen Gesellschaft, also mit der Renaissance, mit der Erfindung der modernen Wissenschaft, dem Humanismus, dem Buchdruck, der Reformation und der Entdeckung der Seewege nach Indien und Amerika? Wenn man letzteres wählt, ist unsere Welt, also die moderne Gesellschaft, rund 400 bis 500 Jahre alt. Ist sie damit bereits überfällig?

Eine ernstzunehmende Antwort auf die Frage, wann unsere Gesellschaft kollabieren wird, versuchte mein Kollege Peter Turchin von der Universität Connecticut und dem Complexity Science Hub Vienna vor zehn Jahren zu geben. Turchin hat sich auf die mathematische Modellierung historischer Gesellschaften und deren Kollaps spezialisiert. Seine Vorhersage ist schlicht und ergreifend: »2020«[7].

Prophetische Aussagen dieser Art sind eher untypisch für die Wissenschaft. Hinter der Prognose steckt natürlich mehr. Peter Turchin hat ein mathematisches Konzept entwickelt, das es ihm erlaubt, das Zu- und Abnehmen von sozialen Spannungen und Unruhen über mehrere Jahre vorherzusagen. Durch eine Kombination von biologischen, sozialen und politischen Beobachtungsdaten kann er Kennzahlen berechnen, die ihm erlauben, das Auseinanderdriften großer Bevölkerungsschichten früher als andere zu erkennen[8]. Ob die Unruhen in den USA im Sommer 2020 bereits Anzeichen des von ihm angekündigten Kollaps sind, bleibt abzuwarten. Dass soziale Spannungen, politische Polarisierung und Versuche, die Zivilgesellschaft gezielt zu spalten, zwischen 2010 und 2020 drastisch zugenommen haben, daran besteht kein Zweifel.

Wenn unsere Gesellschaft tatsächlich untergehen sollte, wäre das nichts Neues. Hunderte Zivilisationen und Gesellschaften haben dasselbe Schicksal erlitten. Das einmalige an unserem Untergang wäre, dass wir dieses Mal das Zeug dazu gehabt hätten, die Klippen zu sehen, die uns zu Fall bringen.

Die Wissenschaft hat in Kombination mit der Möglichkeit, immer mehr Daten zu sammeln und im Prinzip alle Informationen auf dem Planeten abrufbereit zur Verfügung zu haben, erstmals die Voraussetzungen dafür, *Tipping Points* im Vorhinein zu sehen. Wir wissen inzwischen mit Sicherheit, dass sie tatsächlich existieren und dass es keinen Sinn macht, ihre Existenz zu verleugnen. Wir sehen das zum Beispiel eindrücklich im Zusammenhang mit der Klimaerwärmung. Das Zusammenspiel von Wissenschaft und globalem Datenmonitoring erlaubt uns erstmals zu sehen, worauf wir im Nebel zusteuern.

Die Vorstellung, dass wir mit Fortschritt, Wissenschaft, der positiven Nutzung von Daten und insbesondere mit der *digitalen Kopie* des Planeten die »großen Probleme« erkennen und lösen werden, ohne dass unsere Nachkommen dafür bitter bezahlen müssen, ist die positive Perspektive dieses Buches. Sie handelt von der realistischen Möglichkeit, uns als globale Gesellschaft auf eine Weise neu zu erfinden, sodass wir den Untergang vermeiden. Wir sind nach wie vor weit davon entfernt, die »großen Probleme« zu lösen, und es bleibt weiterhin ungewiss, ob wir es schaffen werden, bevor einige Systeme die *Tipping Points* erreichen. Aber wir können und sollen es versuchen, mutiger und bewusster als bisher. Denn es besteht eine echte Chance.

Dass sich zehntausende Wissenschaftler mit Ärzten, Entscheidungsträgern, Sozialarbeitern und Ökonomen organisieren und zusammenarbeiten können, um ein praktisches Problem zu lösen, haben wir in der Corona-Krise eindrucksvoll gesehen. Ohne den Beitrag der Wissenschaft und ihren Möglichkeiten, weltweit Daten zu sammeln, auszuwerten und in konkrete Handlungsanweisungen zu übersetzen, hätte das Virus vermutlich unsere Gesundheitssysteme grenzenlos überlastet und Millionen von Menschen das Leben gekostet. Die Botschaft ist klar: Um den durchaus möglichen Kollaps unserer Welt, ihre Verwandlung in etwas, das wir bestimmt nicht haben möchten, abzuwenden, sollten wir alles tun, um die Kipp-Punkte der entscheidenden Systeme besser identifizieren zu lernen. Das schaffen wir ausschließlich mit Wissenschaft und Forschung in Kombination mit Big Data. Egal was es kostet, der Kollaps ist teurer. Er ist unbezahlbar teuer.

Zum Aufbau. Ich werde zunächst in Kapitel zwei zeigen, was die Wissenschaft der komplexen Systeme kann. Sie ist eine relativ junge und eventuell die aktuellste aller Wissenschaften, die großteils am *Santa Fe Institute* in Neumexiko in den 1980er-Jahren entworfen wurde. In Kapitel drei geht es darum, was ein Kollaps überhaupt ist und wie man ihn wissenschaftlich beschreiben kann. Wir werden sehen, wie die Wissenschaft komplexer Systeme mit ihrer nüchternen, mathematisch-physikalischen Perspektive dazu beitragen kann, Kipp-Punkte zu identifizieren, um so die wahren Schwachstellen in den unterschiedlichen Systemen sichtbar zu machen.

In Kapitel vier stelle ich dar, wie zerbrechlich unser Finanzsystem ist, in Kapitel fünf, wie es um unser Klima und unsere Ökosysteme bestellt ist. In Kapitel sechs geht es schließlich um die Zerbrechlichkeit unserer Zivilgesellschaft.

Ich werde versuchen zu zeigen, dass die Antwort auf die Gefahren der Klimakrise nicht in einem Öko-Kommunismus oder einer Öko-Diktatur liegt, wie sie manche predigen. Sie besteht auch nicht in der Rückkehr in eine idealisierte romantisierte Welt von gestern. Ich werde vielmehr zeigen, dass die Antwort im technischen Fortschritt, in der Wissenschaft der komplexen Systeme, in Big Data und der Rechenleistung von Computern liegt. Es geht dabei um eine Kombination von technischen Neuerungen mit mentalen Veränderungen in sozio-ökonomischen Netzwerken. Dank dieses Fortschrittes haben wir gegenüber allen bisher untergegangenen Kulturen eben diesen einen entscheidenden Vorteil: Sie konnten die Klippen nicht sehen, über die sie gestürzt sind. Sie hatten keine Chance. Wir haben eine.

Wir sind auf dem Weg, diese Chance für uns nutzbar zu machen, bereits einige Schritte gegangen. Das Computerspiel *Pardus* war für uns ein erster Hinweis darauf, wie wissenschaftliche Modelle der Zukunft aussehen könnten. Eine kleine künstliche Welt im Computer mit sämtlicher und vollständiger Information darüber, was in ihr passiert und passiert ist. Während ich das schreibe, sind 16 Jahre vergangen, seit Michael Szell und sein Freund das Computerspiel online stellten und damit ein digitales Modell der Gesellschaft und eine Art Petrischale zur Erforschung unserer Spezies und unserer Kultur schufen. Inzwischen sind wir mit solchen Modellen sehr viel weiter. Wir können langsam damit beginnen, die echte Welt als 1:1-Modell mit vollständigen Datensätzen zu modellieren. Erst mit der Zusammenführung der Daten in einem Modell dieser Art macht die *digitale Kopie* des Planeten Sinn. Erst so können wir beginnen, diese Informationen in nachhaltiges und verwendbares Wissen zu verwandeln.

Sobald wir solche 1:1-Modelle der relevanten Systeme haben, werden wir das Thema Kollaps auf eine vollkommen neue Art verstehen lernen. Wir werden nicht nur die *Tipping Points* besser identifizieren und lokalisieren können, wir werden auch konkrete Lösungsvorschläge für aktuelle Probleme in virtuellen Modellen ausprobieren können, lange bevor wir sie in der echten Welt zum Einsatz bringen.

In diesem Buch werden wir einige Beispiele für Schritte in diese Richtung kennenlernen. Ich möchte das anhand eines Blicks hinter die Türen des *Complexity Science Hub Vienna* tun, einer jungen wissenschaftlichen Einrichtung, die mit dem Ziel entstand, die Erforschung komplexer Systeme voranzutreiben, um unmittelbaren Sinn und gesellschaftlichen Nutzen aus Daten zu gewinnen und um so einen Beitrag in Richtung eines *digitalen Humanismus* leisten zu können. Gegründet haben ihn im Jahr 2015 die *Technische Universität Wien*, die *Technische Universität Graz*, die *Medizinische Universität Wien* und das *Austrian Institute of Technology*.

Im Wiener Palais Strozzi, dem Sitz des *Complexity Science Hub*, arbeiten wir an einer Art Flugsimulator für die Welt, nur dass wir anstatt von Flugzeugen Finanzsysteme, Gesundheitssysteme und sogar ganze Volkswirtschaften simulieren. Wir arbeiten dort zum Beispiel an einem virtuellen Modell der Wirtschaft Österreichs. So wie Eisenbahn-Fans in ihren Kellern Modelleisenbahnen bauen, die immer realistischer werden, so bauen wir unsere digitale Modellrepublik, die ebenso zunehmend realistischer wird.

Wir bauen sie mit Daten, indem wir verschiedene, anonymisierte Datensätze zusammenführen. Mit Datensätzen aus der Verwaltung, der Finanz, der Wirtschaft und der Bevölkerung bilden wir in unserem Modell die Akteure sowie deren Interaktionen untereinander ab.

In diesem Modell steht alles mit allem über verschiedene Netzwerke miteinander in Beziehung. Ganz ähnlich wie im *Pardus*-Spiel. Firmen zahlen Gehälter, Haushalte deponieren Überschüsse auf der Bank. Firmen und Haushalte nehmen Kredite auf, Haushalte konsumieren Produkte der Firmen, Firmen liefern sich gegenseitig Waren und Banken verleihen Geld an andere Banken am Interbanken-Markt.

Menschen und Firmen stehen durch Kreditnetzwerke, Produktionsnetzwerke, Zuliefernetzwerke oder Arbeitgeber-Arbeitnehmernetzwerke in Beziehung. Netzwerke können oft aus Datenbanken rekonstruiert werden. Sie ändern sich von Tag zu Tag. Unser Ziel ist es, eine virtuelle Republik zu basteln, mit der wir spielen können, in die wir von außen eingreifen können, die wir virtuellen Schocks aussetzen können und wo wir Dinge ausprobieren können, wie es in der echten Welt nie und nimmer möglich wäre. Wissenschaft bekommt damit eine neue, fast spielerische Dimension, mit unmittelbarem Nutzen für die Gesellschaft und ihre Entscheidungsträger.

Mit solchen Modellen können wir in Zukunft versuchen, eine neue Dimension von Fragen zu beantworten, die sich bisher jeder Beantwortung entzogen haben. Unter anderem lässt sich dann berechnen, wie ein stabiles System aussehen muss, wodurch es instabil wird, und wie wir es bestmöglich schützen können. Wir können erstmals quantifizieren, was Stabilität wirklich ist, was Resilienz bedeutet, welche Schocks ein System aushält und welche zu groß sind. Wir lernen erstmals, wie Effizienz und Stabilität miteinander in Zusammenhang stehen.

Mit den Möglichkeiten, die die Wissenschaft komplexer Systeme in Kombination mit Data Science und Methoden der Künstlichen Intelligenz derzeit erschließen, eröffnen sich auch der Politik neue Dimensionen. Der gebräuchliche Fachausdruck dafür ist *evidence-based governance*, evidenzbasierte Politik. Derzeit werden Entscheidungen in der Politik oft subjektiv getroffen, und das aus gutem Grund: Einzelne Menschen, egal wie intelligent sie sind, können die Vielzahl von Zusammenhängen, die in komplexen Systemen und ihren Netzwerken typischerweise auftreten, nicht erfassen. Noch viel weniger können sie die Konsequenzen vorhersehen, die eintreten, wenn sie an solchen Systemen etwas verändern.

Entscheidungsträger haben dank ihrer Erfahrung oft ein gutes Gefühl dafür, was ihre Entscheidungen bewirken könnten. Sobald sie ihre Entscheidungen getroffen haben, können sie aber auch nur darauf hoffen, dass sie auch wie beabsichtigt funktionieren. Bis heute hatten wir praktisch keine Möglichkeit, das Funktionieren von Entscheidungen vorab zu testen oder die zu erwartenden, nicht beabsichtigten Nebenwirkungen systematisch im Voraus sichtbar zu machen.

Die Vision ist, dass in Zukunft Entscheidungsträger auf die *digitale Kopie* eines Landes als Werkzeug zurückgreifen können, um die Auswirkungen von Entscheidungen, Regulierungen oder Gesetzen virtuell durchzuspielen. Sie können ausprobieren, ob eine Entscheidung wirklich die geplanten Ziele erreichen würde, und ob sie zu unerwarteten Folgen führen würde, an die vorher niemand gedacht hatte.

Wir könnten anhand solcher, digitaler Modelle ein bisschen besser in die Zukunft blicken. Wir könnten besser abschätzen, was passieren könnte, wenn wir dieses tun, oder was passiert, wenn wir jenes tun. Nähern wir uns mit einer politischen Entscheidung oder einer gesellschaftlichen Verhaltensänderung den Klippen, und wenn ja, wie schnell? Oder gehen wir ihnen damit aus dem Weg?

In diesem Zusammenhang ergibt sich ein generelles Problem, dass man sich erst an Maschinen und Algorithmen gewöhnen muss, die Probleme lösen, die selbst Experten eventuell nicht mehr überblicken können. Hier tauchen neue Fragen auf: Sollen Maschinen die Kontrolle über die zentralen Lebensadern unserer Gesellschaft übernehmen? Es geht hier um das unbehagliche Gefühl, Kontrolle und Kompetenz an Algorithmen abzugeben.

Wie können wir sicherstellen, dass wir die Kontrolle über Algorithmen und Daten behalten, Transparenz schaffen und gleichzeitig massiven Missbrauch ausschließen? Grundsätzlich sollte wohl gelten: Was Maschinen besser können als Menschen, sollen auch Maschinen machen, ganz besonders dann, wenn es um so heikle Fragen wie die Sicherheit eines Finanzsystems, der Wirtschaft, der Umwelt oder die des Staates geht.

In der Medizin hat dieses Umdenken bereits eingesetzt. Wir haben uns in kurzer Zeit daran gewöhnt, dass künstliche Intelligenz Tumore besser erkennen kann als die besten Radiologen. Kaum jemand, außer vielleicht Radiologen, hat ein Problem damit. Das zeigt natürlich nicht notwendigerweise, wie gut Maschinen und Algorithmen bereits sind, sondern wie limitiert menschliche Entscheidungen oft sind, denen wir unser Wohlergehen und Leben anvertrauen.

Ein Wort zu Daten und Datenschutz. Im Zuge der Digitalisierung werden Daten heute in ungeheurem Ausmaß erhoben. Nichts deutet darauf hin, dass dieser Trend abnimmt. Es werden immer mehr. Ob wir es wollen oder nicht, wir müssen mit der Digitalisierung und Big Data leben. Ein riesiges Problem, das mit der Digitalisierung einhergeht, besteht darin, dass es sich bei Daten zum Teil um personenbezogene Daten handelt, die zum Schaden und Nachteil von Personen und Personengruppen verwendet werden können. Viele Unternehmen weltweit verwenden diese Daten, um mit ihnen Profite zu machen. Die entsprechenden Geschäftsmodelle sind zum Teil relativ harmlos, wie etwa Werbung, zum Teil aber unfassbar unethisch und kriminell und reichen von massivem Wahlbetrug bis zu Verhetzung und Erpressung. Der Skandal um *Cambridge Analytica* im Jahr 2018 hat eventuell nur die Spitze des Eisbergs gezeigt, was an Niederträchtigkeit möglich ist.

Doch Daten haben auch eine ungemein positive Seite. Sie geben uns die Möglichkeit, unsere Umwelt, Gesundheit und Gesellschaft nachhaltig und drastisch besser zu machen und damit unser Leben angenehmer. Und sie geben uns die einmalige Chance – und davon handelt das Buch – die beiden »großen Probleme« zu lösen. Solchen positiven Nutzen aus Big Data zu generieren, ist zuerst einmal eine Aufgabe der Wissenschaft. Das aus mehreren Gründen.

Die Wissenschaft kann mit Daten umgehen. Seitdem es sie gibt, braucht sie Daten. Ohne sie funktioniert sie nicht. Mit dem gegenwärtigen Datenvolumen kann man in den nächsten Jahren mit einer regelrechten Erkenntnisexplosion rechnen, vor allem in der Medizin, den Sozialwissenschaften und der Wirtschaftswissenschaft.

Die Wissenschaft verfolgt in der Regel keine unmittelbaren kommerziellen Interessen und verwendet Daten in einer Weise, die keine Persönlichkeitsrechte verletzt. Wissenschaft hält durch ihre ethischen Standards den Datenschutz und Normen ein. Arbeiten mit zweifelhaften Daten beziehungsweise Daten zweifelhafter Herkunft oder Verarbeitung werden in seriösen wissenschaftlichen Journalen nicht akzeptiert.

Die Wissenschaft ist mit an vorderster Front, um bessere Methoden für einen ethischen Umgang mit Daten zu entwickeln, die es erlauben, sie einerseits für den Fortschritt der Gesellschaft positiv nutzen zu können und andererseits den Missbrauch und die Verletzung von Persönlichkeitsrechten auszuschließen. Zum Beispiel durch die Entwicklung von Methoden und Algorithmen der Anonymisierung. Das sind natürlich auch die Ziele und die ethischen Prinzipien, die der *Complexity Science Hub Vienna* in seiner Arbeit verfolgt.

# KAPITEL 2: **DIE FASZINIERENDE WELT DER KOMPLEXEN SYSTEME**

*Wir sind auf dem Weg, so gut wie alle Informationen dieser Welt aufzuzeichnen und zu speichern. Wir wissen aber oft noch nicht genau, was wir damit anfangen sollen. Die Wissenschaft Komplexer Systeme kann helfen, aus Daten nutzbares Wissen zu generieren. Wissen, das wir zukünftig verwenden können, um die großen Probleme unserer Zeit zu meistern.*

## WAS SIND KOMPLEXE SYSTEME?

Komplexe Systeme bestehen immer aus vielen einzelnen Elementen, die miteinander verknüpft sind und dadurch Netzwerke bilden. So etwa sind wir Menschen als Einzelteile des komplexen Systems »Gesellschaft« miteinander durch unser Familiennetzwerk, das Netzwerk unserer Freunde, das Netzwerk unserer Telefonate und Emails, das Netzwerk unserer Banktransaktionen oder das Netzwerk unserer Feindschaften verbunden.

Es ist eine der faszinierenden Eigenschaften komplexer Systeme, dass sich ihre Einzelteile über die Zeit hinweg verändern können. Sie verändern sich aber meistens nicht einfach so, sondern aufgrund der Netzwerke, in die sie eingebettet sind. Durch die Veränderung der Netzwerke verändern sich die Einzelteile und durch die veränderten Einzelteile verändern sich die Netzwerke.

Im Finanzsystem zum Beispiel sind die einzelnen Elemente die Banken, die mit Netzwerken von Kontrakten, Krediten oder Versicherungen miteinander verbunden sind. Die Eigenschaft einer Bank, zum Beispiel, wie viel Geld sie hat, bestimmt, welche Kontrakte sie in Zukunft eingehen kann. Die Eigenschaft »verfügbare Geldmenge« einer Bank bestimmt, wie das Netzwerk der Kontrakte sich im nächsten Augenblick verändern kann. Das Netzwerk der Kontrakte wiederum bestimmt, wie sich der Reichtum der Banken im nächsten Augenblick verändern wird, denn diese Kontrakte bestimmen den Geldfluss.

Die Quintessenz von komplexen Systemen ist, dass sich die Eigenschaften der Elemente und die Netzwerke zwischen ihnen ständig ändern und sich gegenseitig nach bestimmten Regeln beeinflussen. Der Zustand eines Elements hat Einfluss auf das Netzwerk, und das Netzwerk beeinflusst den Zustand jedes einzelnen Elements. Diese gegenseitige Beeinflussung funktioniert etwa so wie das berühmte *Henne-Ei-Problem*. Was war vorher da? Henne oder Ei? Eine Frage, die schwer zu lösen ist. Ohne Henne kein Ei und ohne Ei keine Henne.

Ähnlich schwierig ist die Frage zu klären, wie sich der Einfluss des Netzwerkes auf die Elemente und der gleichzeitige Einfluss der Elemente auf das Netzwerk auswirken. Während man das eine auf Basis des anderen verstehen möchte, verändert sich das andere. Das macht die Sache ungemein schwierig, eben komplex.

Der Mensch kann mit Komplexität nicht besonders gut umgehen. Komplexität übersteigt schnell jede mentale Kapazität. Für ein biologisches Gehirn ist es schlicht unmöglich, die vielen Bauteile eines komplexen Systems im Blick zu behalten. Noch viel unmöglicher ist es, die Netzwerke der gegenseitigen Abhängigkeiten zu verstehen und die Konsequenzen der gegenseitigen Beeinflussungen und die dadurch hervorgerufenen Veränderungen der Bestandteile nachzuvollziehen. Wenn ein Netzwerk aus einer bestimmten Anzahl von Knoten besteht, sagen wir, diese Anzahl ist »N«, dann gibt es $N^2-N$ Möglichkeiten, wie sie sich beeinflussen können. Wenn ein Netzwerk zum Beispiel aus tausend Bestandteilen besteht, gibt es fast eine Million mögliche Beziehungen zwischen ihnen. Auch die Wissenschaft konnte solcher Systeme bislang nicht Herr werden. Über Jahrhunderte konnte sie praktisch keine vernünftigen Schlüsse über Komplexität ziehen. Gleichzeitig ist der Mensch permanent mit komplexen Systemen konfrontiert, muss also mit Komplexität leben und mit ihr umgehen. Komplexe Systeme umgeben uns überall, egal wohin wir blicken. Praktisch alles, was wir interessant finden, ist ein komplexes System. Alles Lebende, jedes gesellschaftliche, ökologische, wirtschaftliche, finanzielle System ist komplex.

Komplexe Systeme zeigen eine ungemeine Vielfalt an Phänomenen, die sich nicht verstehen lassen, wenn man die Elemente einzeln betrachtet. Um mit einer scheinbar unbeherrschbar komplexen, vernetzten Welt umgehen zu können, hat sich der Mensch im Laufe der Geschichte deshalb allerlei ausgedacht. Lange Zeit sah man hinter vielen komplexen Phänomenen übernatürliche Kräfte am Werk, die man letztlich nur mit Göttern, Dämonen, dem Schicksal oder den Sternen »verstehen« konnte. Nur mit Hilfe höherer Einflüsse und göttlicher Lenkung konnte man »erklären«, wodurch es zu Krankheiten und Seuchen kommt, warum Kriege ausbrechen, warum Menschen Städte bauen, oder warum sich Vogel- und Fischschwärme bilden.

Die Naturwissenschaft konzentrierte sich in den vergangenen 300 Jahren auf die Erforschung *einfacher* Systeme, denen keine dynamischen Netzwerke zugrunde liegen. Das Erfolgsrezept war der sogenannte *Reduktionismus,* eine philosophische und naturwissenschaftliche Vorgehensweise, bei der man versucht, ein System in seine Einzelteile zu zerlegen, diese – weil sie meistens einfacher sind, als »das Ganze« – zu verstehen, um dann aus der Funktionsweise der Einzelteile zu schließen, wie »das Ganze« funktioniert. Man versucht kurz gesagt, das Ganze aus den Eigenschaften seiner Einzelteile heraus zu verstehen.

Wie weit wir mit dieser Vorgehensweise gekommen sind, zeigen uns die Physik, die Chemie und die Molekularbiologie. Wir ernähren derzeit fast acht Milliarden Menschen, alle können miteinander jederzeit von Angesicht zu Angesicht kommunizieren, indem sie in Glasplatten sprechen. Wir verstehen die Funktionsweise von Viren und haben bereits vor einem halben Jahrhundert nicht nur Menschen auf den Mond geschickt, sondern auch, wenn auch vollkommen sinnlos, ein dazugehöriges Auto, das *Lunar Roving Vehicle.*

## COMPUTER VERÄNDERN ALLES

Das Verständnis komplexer Systeme wurde erst mit der Erfindung des Computers möglich. Hätten wir nur unser Gehirn, Bleistift, Papier und vielleicht noch eine einfache Rechenmaschine, wie das vor sechzig Jahren noch der Fall war, wären wir nach wie vor nicht in der Lage, komplexe Systeme zu verstehen. Wir hätten weder Daten noch die Möglichkeit, mit ihnen etwas Sinnvolles anzufangen. Wir hätten zum Beispiel keine Chance, die globalen Ausbreitungsmuster eines neuartigen Virus entlang von sozialen Kontaktnetzwerken zu verstehen. Und selbst, wenn wir genaue Daten darüber hätten, wer wen angesteckt hat, wir wüssten nicht, wie man daraus wirksame Gesundheitsmaßnahmen ableiten sollte. Wir könnten einfach nicht Schritt halten mit den sozialen Netzwerken, wie sie sich in Folge der Pandemie verändern, und damit das Verhalten der Menschen verändern, und diese wiederum die Netzwerke.

Computer, Big Data und quasi unbegrenzter Speicherplatz ermöglichen es uns, solche Systeme jetzt besser zu verstehen. Big Data liefert uns nicht nur die Daten zu allen Einzelteilen, sondern auch zu deren Verbindungen und Wechselwirkungen. Mit Hilfe von Computern und Datenbanken können wir nachverfolgen, wie sich Netzwerke und Eigenschaften gleichzeitig verändern.

Heute können wir als Menschheit dank der Informations- und Computer-Technologie im Prinzip wissen, wer mit wem kommuniziert. Man könnte es zum Beispiel in Daten der sozialen Medien oder in den Daten von Telefongesellschaften nachverfolgen. Man sieht, wer welche Inhalte im Netz anklickt und vermutlich liest, wer welche Dinge bestellt und konsumiert. Man kennt jede Zahlung mit Karte, jede Überweisung wird aufgezeichnet, man kennt das Einkaufsverhalten Einzelner und das ganzer Bevölkerungsgruppen. Man weiß, wer welche Filme sieht und kennt Netzwerke von denen, die miteinander befreundet oder verfeindet sind, man kennt durch GPS die Bewegungen all derjenigen, die es am Smartphone nutzen, man weiß, wer was produziert, wer gerade woran arbeitet und wer in welchen Verhaltensmustern gefangen ist. Man kennt die Herzschläge, Atemzüge und Blutsauerstoffwerte derer, die sie mit ihren Smartwatches in die Cloud laden. Konzerne können damit das Gesundheitsprofil der betreffenden Menschen täglich aktualisieren und mit den gekauften Medikamenten abgleichen.

In neuen Autos befinden sich bereits mehrere SIM-Karten. Manche Modelle melden direkt an den Autohersteller oder an die Versicherung, wie konzentriert der Fahrer ist und was im und um das Auto herum passiert. Man lässt Kühe Sensoren schlucken, die uns in Echtzeit sagen, was im Kuh-Magen gerade vorgeht, und die uns anzeigen, wenn eine Kuh krank zu werden droht. Man beobachtet mit Sensoren Verrottungsprozesse in Mülltonnen und erfasst den $CO_2$-Ausstoß von Müllhalden. Man kann den Standort und die Fracht jedes Schiffes zu jeder Zeit lokalisieren, man überwacht sämtliche Flugzeuge und Passagiere und kann verfolgen, wo Bäume gefällt und wo Urwälder in Palmölplantagen umgewandelt werden.

GPS-Daten machen selbst minimale Veränderungen messbar. Die millimeterweisen Bewegungen von Bergen etwa, oder den Anstieg des Meeresspiegels. Jeder Befehl auf den Computern wird mitgeloggt, jeder Radfahrer wird gezählt, jeder LKW auf jeder Autobahn wird erfasst. Wir haben begonnen, alles, was sich auf dem Planeten tut, mitzuschreiben und zu speichern. Kameras, Chips, Speicherkarten und Sensoren übersehen praktisch nichts mehr.

Diese Vermessung der Welt findet in ungeheurem Ausmaß statt und es sieht nicht so aus, als gäbe es ernstzunehmende Tendenzen, die dem Einhalt gebieten würden. Wir produzieren mehr und mehr Sensoren. Sie nehmen die physische und digitale Wirklichkeit wahr, verwandeln sie in Daten und speichern sie. Die *digitale Kopie* des Planeten wird immer genauer. Wie viele Terabytes und Zettabytes sind das? Weil es exponentiell mehr werden, brauchen wir immer neue Worte dafür. *Yottabyte* zum Beispiel. Ein Yottabyte besteht aus 1.000.000.000.000.000, oder, anders gesagt, tausend Billionen Gigabyte.

## SINN AUS DATEN

Was können wir mit dieser *digitalen Kopie* des Planeten anfangen? Wenn wir das alles wissen, warum sind wir dann nicht viel weiter? Wieso wissen wir nicht, wie viele Menschen im Jahr 2050 auf dem Planeten leben werden, um wieviel Grad sich die Erde in den nächsten fünfzig Jahren erwärmen wird, wieso wissen wir nicht, wann der nächste

Hurrikan kommt, wieso wissen wir im Sommer 2020 nicht, ob es im Herbst eine zweite COVID-19-Welle geben wird? Warum wissen wir nicht, ob es heute Abend einen Verkehrsstau in Wien geben wird, wie wahrscheinlich ein massiver Volksaufstand in den USA ist oder wie teuer die nächste Finanzkrise in Deutschland für die Bürger werden wird?

Wir wissen das alles und noch sehr viel mehr nicht, weil diese Systeme komplex sind, und wir diese Komplexität nicht beherrschen. Wir wissen nicht, wie wir die Daten, die wir über diese Systeme sammeln, verwenden sollen und wie sie uns helfen könnten, besser mit Komplexität umzugehen.

Bevor wir einen Schritt weiterkommen, müssen wir aus diesen Daten verwendbares Wissen generieren. Wie in Kapitel eins besprochen, sind Daten alleine oft noch nicht viel wert. Damit Wert entsteht, muss man sie erst in einen »Kontext« bringen. Erst dann kann man versuchen, Sinn daraus zu generieren. Kontext entsteht, wenn Daten zusammengeführt und in einen Bezug zueinander gebracht werden, sodass man konkrete Fragen an sie richten kann. Erst dann entsteht eine nützliche *digitale Kopie* des Planeten. Erst der Bezug kreiert Sinn. Sonst bleibt Information meist sinnlos.

## WIE BRINGT MAN DATEN IN EINEN KONTEXT?

Daten beschreiben fast immer eines von zwei Dingen: Entweder sie geben die Eigenschaften von Dingen wieder, zum Beispiel wie viel Geld Frau Müller am Konto hat oder wie schnell das Auto von Herrn Mayer gerade jetzt fährt. Oder sie geben an, wie eine Sache mit einer anderen in Verbindung steht. Letzteres ist nichts anderes als eine Verbindung in einem Netzwerk, ein »Link«. Also zum Beispiel: Herr X hat am 2. Juni 2020 Frau Y angerufen, das heißt, am 2. Juni waren X und Y durch ein Telefonat in Verbindung, es bestand ein »Kommunikationslink von X nach Y«. Diesen Link kann man nun in einer Datenbank speichern.

Daten sind bereits oft in einer Form, die die Essenz von komplexen Systemen ausmacht. Sie bilden bereits ab, was für die Beschreibung von komplexen Systemen notwendig ist: die Eigenschaften der Bauteile und die Netzwerke zwischen ihnen. Das ist der Grund, weshalb die Wissenschaft Komplexer Systeme wunderbar mit Big Data zusammenpasst.

Wenn es gelingt, in Daten einen Kontext herzustellen, können wir damit fantastische Dinge tun. Wir können daraus vollkommen neuartiges Wissen gewinnen und neue Einsichten, zum unmittelbaren Nutzen für die Menschheit. Diese Kopie gibt uns die Möglichkeit, den Homo Sapiens und seine Gesellschaften, Institutionen und sozialen Systeme erstmals wirklich zu verstehen, in einer Qualität, die bisher nur in den Naturwissenschaften möglich war. Fast so wie im *Pardus*-Spiel – nur in echt.

Diese Entwicklung ist mitunter das Spannendste, das ich bisher erlebt habe, denn es erlaubt der Menschheit in weiterer Folge, die Planung unserer Gesellschaft in Zukunft weitaus besser in den Griff zu bekommen. Und sie schafft eine ernstzunehmende Möglichkeit, die »großen Probleme« rational anzugehen und zu meistern.

Die Wissenschaft komplexer Systeme versucht systematisch, Kontext in Daten herzustellen. Um das zu tun, bedient sie sich oft sogenannter Agenten-basierter Modelle. Das sind Computermodelle, bei denen die Bauteile eines Systems als »Agenten« abgebildet werden. Diese Agenten haben Eigenschaften und stehen in Beziehungen zueinander. Diese Beziehungen bilden Beziehungsnetzwerke. Die Modelle beschreiben dann anhand sogenannter update-Regeln, die in Computeralgorithmen implementiert werden, wie sich die Agenten aufgrund der Beziehungen zueinander verändern, und wie sich die Beziehungen aufgrund der neuen Eigenschaften der Agenten zeitlich ändern. Der Algorithmus beschreibt also die zeitlichen Updates von Agenten und Netzwerken. Daten werden dann dazu verwendet, um die update-Regeln zu identifizieren, und um die Eigenschaften der Bauteile sowie die der Netzwerke möglichst realistisch abzubilden.

Besser verständlich wird die Sache anhand eines Beispiels, wie sich Viren ausbreiten. Menschen – die Agenten – haben immer eine von drei Eigenschaften: Sie sind entweder gesund und sind durch einen speziellen Virus ansteckbar, oder sie sind angesteckt und krank, oder sie sind nach überstandener Krankheit wieder gesund und immun und können daher nicht noch einmal angesteckt werden. Diese Agenten stehen über soziale Netzwerke miteinander in Verbindung. Immer, wenn eine Verbindung zwischen einem angesteckten und einem ansteckbaren zustande kommt, kann der ansteckbare angesteckt werden und seine Eigenschaft verändert sich. Seine sozialen Netzwerke ändern sich ebenfalls: Sobald ein Agent glaubt, dass sein Freund angesteckt ist, vermeidet er einige Tage den Kontakt, um nicht selbst angesteckt zu werden. Das nennt sich *Social Distancing*.

Wenn sich alle so verhalten, lässt sich nicht nur ausrechnen, wie sich die Seuche ausbreitet, sondern auch, wie sich Sozialkontakte über den Seuchenverlauf hinweg verändern. Wenn man das *Social Distancing* nicht berücksichtigt, kommt man manchmal auf extrem falsche Vorhersagen über die Seuchenausbreitung. An solchen bestand kein Mangel während der Corona-Krise.

Durch das erwähnte »in Kontext bringen« und durch das Verbinden von Agenten durch Netzwerke entsteht in der Wissenschaft komplexer Systeme manchmal eine Zusammenschau von verschiedenen Disziplinen. Es entsteht sogenannte Interdisziplinarität. Die Komplexitätsforschung verbindet das Fachwissen aus mehreren verschiedenen Bereichen, wie etwa der Physik, der Biologie, den Sozialwissenschaften, der Chaostheorie oder der Spieltheorie und der Theorie der Differenzialgleichungen aus der Mathematik.

## KOMPLEX ODER KOMPLIZIERT?

Viele Phänomene und Systeme sind kompliziert. Sie sind deswegen aber noch lange nicht komplex. Wie wir besprochen haben, entsteht Komplexität erst, wenn die unterschiedlichen Bauteile eines Systems und ihre Verbindungen sich gegenseitig beeinflussen und sich in enger Abhängigkeit voneinander über die Zeit hinweg verändern.

Ein Beispiel aus der Physik: Die Planetenbewegung ist vielleicht kompliziert, speziell wenn man sie selbst berechnen soll, aber sie ist nicht komplex. Die Bauteile, nämlich die Sonne und die Planeten ändern sich nicht, nur ihre Position verändert sich. Auch ändert sich die Interaktion zwischen ihnen nicht. Die Wechselwirkung bleibt immer dieselbe: die Schwerkraft. Diese ändert zwar die Position der Planeten, aber die Bewegung der Planeten ändert in der klassischen Physik nichts an der Schwerkraft. Die Wechselwirkung bleibt dieselbe. Das System ist also nicht komplex. Auch eine Rakete, die zum Mond fliegt, ist nicht komplex. Sie folgt bekannten, vielleicht manchen etwas kompliziert anmutenden Differenzialgleichungen. Es kommen aber keine sich verändernden Netzwerke vor.

Ganz anders verhält es sich bei gesellschaftlichen Phänomenen. Wieder ein einfaches Beispiel: Ein Freund, mit dem ich durch einen »Freundschaftslink« verbunden bin, schenkt mir ein Buch zum Geburtstag. Die Lektüre ändert nun zum Beispiel nachhaltig meine Sichtweise zum Thema Tierschutz. Am nächsten Tag gehe ich in eine Tierklinik und spende ihr tausend Euro, was mir nicht nur Freude macht, sondern auch viele neue Freunde einbringt. Die Interaktion, mit der mein Freund mir das Buch geschenkt hat, ändert zunächst meine Eigenschaften, indem sie meinen Altruismus steigert, und bringt mir dann eine Menge neuer Interaktionen ein.

Durch die Veränderung der Individuen verändert sich das Netzwerk ihrer Freundschaften, und durch die Veränderung des Freundschaftsnetzwerkes verändern wir uns als Individuen. Das ist komplex.

## NETZWERKE, NETZWERKE, NETZWERKE

Die meisten komplexen Systeme sind natürlich auch sehr kompliziert. Als Faustregel gilt: Wenn sich ein Netzwerk über die Zeit hinweg verändert und sich dadurch die Eigenschaften der Komponenten des Netzwerks verändern, dann ist ein System meist auch komplex. Mit dieser Definition wird nun klar, welche Systeme tatsächlich komplex sind: Jedes Ökosystem, jedes soziale System, jedes Finanzsystem, jede Zelle ist komplex. Aber auch jedes Lebewesen, ein Ameisenhaufen, das Gesundheitssystem, das Klima, das Internet und so fort. Das alles sind komplexe Systeme.

Als Organismen sind Menschen selbst komplexe Systeme. Sie sind umgeben und eingebettet in natürliche komplexe Systeme. Als soziale Wesen errichten sie ständig neue komplexe Systeme, wie zum Beispiel ihre sozialen Netzwerke. Die Welt besteht aus miteinander verwobenen, interagierenden, aufeinander einwirkenden und sich ständig verändernden komplexen Systemen.

Hinter vielen komplexen System stehen oft mehrere dynamische Netzwerke, die miteinander direkt zusammenhängen und sogenannte »Netzwerke von Netzwerken«

bilden. So zum Beispiel hängen das Stromversorgungs-
netzwerk, das Internet und das Kommunikationsnetzwerk zusammen. Das wird bei einem Stromausfall deutlich: Wenn ein umstürzender Baum eine Stromleitung
lahmlegt und ein Transformator durchbrennt, sollte
diese Störung natürlich über das Kommunikationsnetzwerk an eine Reihe von Personen weitergeleitet werden.
Wenn durch den Stromausfall aber die Stromversorgung
des Internets oder des Kommunikationsnetzwerks nicht
mehr funktioniert, dann geht das nicht mehr. Dann kann
man nicht mehr davon ausgehen, dass die notwendigen
Maßnahmen an den anderen Stellen des Stromversor-
gungsnetzwerkes getroffen werden, dass zum Beispiel
Transformatoren vom Netz genommen werden, damit
sie nicht ebenfalls durchbrennen. So verursacht der Ausfall eines Netzwerkes den Ausfall eines anderen und verstärkt dadurch noch das Ausmaß des ersten. Wir werden
im Laufe des Buches noch öfter auf Ausfälle dieser Art
zurückkommen.

## MEHR ALS DIE SUMME DER TEILE

Oft werden komplexe Systeme beschrieben als solche, bei
denen »das Ganze« mehr ist als die »Summe seiner Teile«. Aus dem bisher Gesagten ergibt sich bereits, was den
Unterschied zwischen der Summe der Teile und dem Ganzen ausmacht: Es ist das Netzwerk der Interaktionen. Diese
Netzwerke von Wechselwirkungen führen letztlich zu den

Eigenschaften und Phänomenen der komplexen Systeme, die man beim Betrachten der Einzelteile – ohne Netzwerk – nie erwarten würde.

Man kann eine einzelne Ameise noch so genau untersuchen, studieren und bis ins kleinste Detail verstehen, man würde aus den entdeckten Eigenschaften der einzelnen Ameise niemals erwarten, dass sie in Gemeinschaft mit anderen Ameisen einen komplexen Staat errichten würde mit klaren Aufgaben, Arbeitsteilung und einem einfachen Sozialleben. Man würde vielleicht noch erwarten, dass eine einzelne Ameise, wenn man sie auf einen Tisch setzt, in einem zufälligen Muster herumspazieren würde. Doch setzt man zwei Ameisen auf den Tisch, beginnt die eine dem Geruch der anderen zu folgen. Früher oder später werden sich beide in einem Kreis verfolgen. Das ist etwas völlig anderes als das zufällige Wandermuster einer einzelnen Ameise. Wenn hunderte Ameisen zusammen sind, beginnen sie, einen Staat zu bilden. Das ist wieder ein vollkommen anderes System mit vollkommen anderen Eigenschaften.

Ähnlich verhält es sich mit Neuronen, den auf Erregungsleitung spezialisierten Nervenzellen. Ein einzelnes Neuron funktioniert im Grunde ähnlich wie ein elektrisches Kabel. Es leitet einen elektrischen Impuls entlang des Axons, eines schlauchartigen Zellfortsatzes. Das ist nicht komplex. Doch wenn mehrere Neuronen über Synapsen, vergleichbar etwa mit biologischen »Lötstellen«, zusammengeschaltet sind, geschieht etwas vollkommen Unerwartetes: Sie können plötzlich lernen. Einige von ihnen können zum Beispiel einen Schaltkreis bilden, der im Kopf einer Fliege deren Flugverhalten steuert. Wenn sehr viele Neuronen zusammenkommen, entsteht irgendwann einmal sogar etwas wie ein Bewusstsein. Es sind immer dieselben Bauteile, die Nervenzellen, es sind immer dieselben Verbindungen, die Synapsen. Entscheidend für die »kognitiven« Eigenschaften ist die Plastizität der Schaltstellen, also der Umstand, dass die »Lötstellen« nicht immer gleich gut miteinander verbunden sind, sondern sich verändern. Zellverbindungen, die oft verwendet werden, werden stärker »verlötet«, das neuronale Netzwerk ändert sich. Wesentlich für die kognitiven Fähigkeiten ist auch die Größe des Systems.

Das Phänomen, dass sich die Eigenschaften eines komplexen Systems nicht unmittelbar aus dessen Bauteilen erschließen, nennt man *Emergenz*. Das Wort kommt aus dem Lateinischen und bedeutet »herauskommen« und bezeichnet das Hervorkommen von neuen Eigenschaften eines Systems infolge des Zusammenspiels seiner Elemente. Der Ameisenstaat und das Fliegenhirn sind Beispiele für *Emergenz*. Ein weiteres, offensichtliches Beispiel dafür ist Massenpanik, die in großen Menschenmengen entstehen kann. Ein Verhalten, das einzelne Menschen allein nicht zeigen. Oder das Verhalten von Fischen oder Vögeln in Schwärmen. Man nennt Phänomene, die aus den sogenannten *Mikroeigenschaften* seiner Bauteile in Kombination mit deren Wechselwirkungsnetzwerken entstehen, die *Makroeigenschaften*. Manchmal wird *Emergenz* als das Gegenteil vom erwähnten Reduktionismus gesehen, bei dem versucht wird, »das Ganze« durch das Verständnis der Elemente allein zu verstehen. Bei komplexen Systemen ist das eben nicht möglich.

## MAKROEIGENSCHAFTEN

Komplexe Systeme bilden häufig sogenannte Makroeigenschaften aus. Sie können dabei unterschiedliche Systemzustände einnehmen. Ein einfaches, nicht komplexes Beispiel für eine Makroeigenschaft sind die Aggregatzustände von Wasser. Chemisch gesehen ist Wasser immer eine Ansammlung von Molekülen, die meist aus zwei Wasserstoffatomen und einem Sauerstoffatom bestehen. Je nach Temperatur bewegen sich diese Moleküle unterschiedlich schnell und sind dadurch unterschiedlich stark aneinander gebunden. Ist es kalt, ist Wasser fest, bei Raumtemperatur ist es flüssig, und durch Erhitzen wird es irgendwann dampfförmig. Es ist immer dasselbe Molekül – mit drei grundverschiedenen Makroeigenschaften.

Ein anderes Beispiel für eine Makroeigenschaft ist der Zustand einer Volkswirtschaft. Es gibt einen Systemzustand, in dem die Wirtschaft boomt, in dem Vollbeschäftigung herrscht und Überschüsse produziert werden, die umverteilt werden können. Alle haben Arbeit und den meisten geht es gut. Auch für jene, die nicht arbeiten, ist genug vorhanden. Dieselben Menschen mit exakt denselben Eigenschaften und denselben Fähigkeiten können sich aber auch in einem anderen Systemzustand befinden, in dem die Wirtschaft am Boden liegt, viele arbeitslos sind und wo so wenig produziert wird, dass die meisten verarmt sind. In diesem Zustand macht es für niemanden mehr Sinn, die Initiative zu ergreifen, und niemand investiert mehr. Diese Makroeigenschaft »Krise« kann über lange Zeit bestehen bleiben.

Zwischen den verschiedenen Systemzuständen oder Makroeigenschaften gibt es häufig abrupte Übergänge, die sogenannten Kipp-Punkte oder *Tipping Points,* die wir im ersten Kapitel kennengelernt haben. Bei Wasser liegen diese bei 0 und 100 Grad Celsius, wo der radikale Übergang von fest zu flüssig und von flüssig zu gasförmig stattfindet. In der Wirtschaft kann es ein äußerer Anlass sein, wie zum Beispiel eine Finanzkrise, die zu einem Übergang von einer Boom- in eine ausgedehnte Depressionsphase führen kann. Hier ist es schon weitaus weniger klar, wo sich die Kipp-Punkte befinden und welche Faktoren zum Kollaps führen.

Zu den wichtigsten Makroeigenschaften von komplexen Systemen zählen Eigenschaften wie: Stabilität, Robustheit, Effizienz, Resilienz und Anpassungsfähigkeit. Ein System ist stabil und robust, wenn es einen Schock aushält und übersteht, ohne in seiner Funktion stark beeinträchtigt zu werden. So weit so logisch. Das hat noch wenig mit Komplexität zu tun. Schwieriger wird es beim Begriff der Effizienz. Ein System ist effizient, wenn es gut funktioniert in dem Sinn, dass der Output in Relation zum Input hoch ist. In komplexen Systemen hängt Effizienz oft stark mit den Details der zugrundeliegenden Netzwerke zusammen.

Zum Beispiel hängt der Output einer Firma stark damit zusammen, wie sie organisiert ist. Wie hierarchisch ist sie, wie sehen die Interaktionsnetzwerke zwischen den Mitarbeiterinnen und Mitarbeitern aus? Wie sind die Produktionsabläufe und die Verwaltungsstrukturen in Netzwerken organisiert, wie beeinflussen diese die Motivation und Produktivität der einzelnen MitarbeiterInnen? Wie stabil sind die Zuliefernetzwerke und wie verlässlich sind die internationalen Handelsnetzwerke?

## ANPASSUNGSFÄHIG UND RESILIENT

Die meisten komplexen Systeme sind anpassungsfähig und brechen nicht gleich beim geringsten Schock zusammen. Die Anpassungsfähigkeit kommt daher, dass sich die Netzwerke in den Systemen aufgrund von äußeren Störungen verändern können. Anpassungsfähigkeit führt dann zu dem, was *Resilienz* genannt wird. Ein System ist *resilient*, wenn es durch einen Schock zwar getroffen wird und zunächst nicht mehr so gut funktioniert wie zuvor, dass es aber die Fähigkeit besitzt, sich quasi selbst zu reparieren, und nach einiger Zeit wieder zu einer Funktionsfähigkeit wie vor dem Schock kommt.

Resilienz konnte zum Beispiel während des Lock-Downs in der Corona-Krise beobachtet werden. Durch einen Lock-Down wird etwa das Produktionsnetzwerk stark in Mitleidenschaft gezogen, weil viele nicht mehr arbeiten gehen können und dadurch Lieferketten unterbrochen werden.

Die Produktion und die Wirtschaftsleistung sinken. Nach dem Lock-Down funktionieren die Links in den verschiedenen Produktionsnetzwerken aber wieder. Vielleicht hat man in der Zwischenzeit sogar überlegt, verschiedene Dinge besser oder anders zu machen. Letzteres verändert dann das Produktionsnetzwerk und damit die Gesamtfunktionsweise des Systems. Wenn viele dieser kleinen Änderungen im Netzwerk gleichzeitig passieren, kann es zu massiven sprunghaften Änderungen kommen, zu Systemumbrüchen oder Phasenübergängen. *Tipping Points* wurden dann erreicht.

## TIPPING POINTS

Das bringt uns wieder zurück zu den *Tipping Points*. Erstmals verwendet wurde der Begriff Mitte der 1950er-Jahre bei Untersuchungen zur Rassentrennung, heute wird er häufig im Zusammenhang mit Klimamodellen und dem Kippen von Ökosystemen verwendet. Als ein Kipp-Punkt im Zusammenhang mit der Klimakrise gilt zum Beispiel das Auftauen von Permafrost-Böden. Eines der zentralen Probleme bei der Erforschung komplexer Systeme ist das Auffinden solcher Kipp-Punkte, beziehungsweise – noch grundlegender – jener Parameter, die zu abrupten Veränderungen des Gesamtsystems führen. Bei vielen sozialen und ökonomischen Systemen ist derzeit noch völlig unklar, welche Faktoren das sind. In der Physik, also bei »einfachen« Systemen, sind die *Tipping Points*, oder »Phasenübergangsparameter« hingegen oft gut bekannt, etwa der Gefrier- oder Siedepunkt.

Eine weitere Eigenschaft von komplexen Systemen ist, dass sie manchmal extrem sensibel auf kleine Veränderungen reagieren. Sie können also auch das Gegenteil von robust und stabil sein. Das heißt, dass eine kleine Änderung einer Input-Größe einen riesigen Effekt auf den Output hat, dass er sich vielleicht sogar sprunghaft ändert.

Aus der Chaostheorie ist der sogenannte »Schmetterlingseffekt« bekannt. Dieser besagt, dass eine minimale Änderung eines Parameters, wie zum Beispiel das Flattern eines Schmetterlings in Brasilien, zu riesigen Auswirkungen führen kann, wie etwa zu einem Tornado in Texas. Der Grund für diese großen Auswirkungen kann entweder an der nicht-linearen Natur der komplexen Systeme liegen oder stammt von einem Schneeballeffekt, einer Kettenreaktion.

Der Ausfall einer Komponente in einem komplexen System kann den Ausfall mehrerer anderer Komponenten verursachen. Die Ansteckung einer Person mit einem Virus bedeutet, dass diese Person mehrere weitere Personen anstecken kann. Das steckt hinter der Reproduktionszahl »R«, die in der Corona-Krise bekannt geworden ist. Andere komplexe Systeme wiederum können anpassungsfähig und resilient gegenüber Störungen sein, sodass selbst größere Veränderungen einzelner Parameter kaum merkliche Reaktionen im Netzwerk hervorrufen. Störungen werden quasi vom Netzwerk absorbiert, indem es sich an Veränderungen anpasst, es ist *adaptiv*.

53

Die wenigsten komplexen Systeme sind von einem Erfinder oder einem Ingenieur entworfen worden, oder wurden von einem intelligenten Designer geschaffen. Sie schaffen sich und funktionieren scheinbar von selbst, ohne äußeres Zutun. Sozialwissenschaftler nennen dieses Phänomen *spontane Ordnung*. Sie tritt zum Beispiel bei sogenanntem Herdenverhalten auf, bei dem eine Gruppe von Personen ihre Aktionen ohne zentrale Planung koordiniert. Wenn etwa alle gleichzeitig dieselben Aktien kaufen oder alle zugleich in Panik geraten.

In den Naturwissenschaften spricht man von *Selbstorganisation*, etwa wenn sich Moleküle scheinbar von selbst zu einer Schneeflocke anordnen oder wenn Ameisen einen Staat errichten. Damit Selbstorganisation stattfinden kann, sind natürlich bestimmte Eigenschaften der Bauteile und der Interaktionsregeln notwendig. Kennt man diese, kann man die *emergenten* Eigenschaften des gesamten Systems vorhersagen. Die Wissenschaft komplexer Systeme versucht genau das zu tun: komplizierte Makrophänomene wie Effizienz, Stabilität und Resilienz aus relativ einfachen netzwerkbasierten Interaktionsregeln abzuleiten.

## KONTROLLIERBARKEIT

Jeder Mensch, nicht nur KomplexitätsforscherInnen, kennt die Momente, in denen sich komplexe Systeme ganz anders verhalten, als man es erwarten würde. Wer vor einigen

Jahren versucht hat, einem Stau in einer Stadt zu entkommen, versteht die Schwierigkeit. Wenn ein Navi (das damals noch keine Alternativrouten angeben konnte) einen Stau auf einer Strecke vorhersagt, denke ich natürlich sofort darüber nach, auf eine andere Route auszuweichen. Ich weiß aber auch, dass alle anderen vermutlich dasselbe denken und eventuell ebenso versuchen werden, auszuweichen. Das kann dazu führen, dass der Großteil der Leute die alternative Route wählt und sich der ursprünglich vorhergesagte Stau auflöst, sodass letztlich die beste Lösung ist, direkt in den angekündigten Stau zu fahren. Das ist mit den heutigen Navis natürlich nicht mehr der Fall.

Manchmal ist man mit der einigermaßen verstörenden Situation konfrontiert, dass man versucht, ein komplexes System zu regulieren, und es benimmt sich wie verhext. Wenn es zum Beispiel darum geht, den Verkehr einer Stadt zu kontrollieren. Man beginnt mit dem Aufstellen einiger Ampeln und stellt fest, dass tatsächlich alles besser wird. Der Verkehr fließt besser. Also fährt man fort mit dem eingeschlagenen Weg der Optimierung. Man kommt dann oft zu dem Punkt, an dem, wenn man die Optimierung konsequent weiterführt, das System schlagartig schlechter wird. Eine Ampel zu viel und der Verkehr beginnt an vielen Stellen der Stadt gleichzeitig zu stocken.

Diese Ampel, die zu viel ist, markiert den *Tipping Point*. Ab da macht das komplexe System eventuell das genaue Gegenteil von dem, was man eigentlich will. Jeder einzelne Schritt in der verbesserten Optimierung macht Sinn, doch das Gesamtergebnis ist fatal.

Ein anderes Beispiel: Wenn man eine Tierart nach der anderen ausrottet, zum Beispiel durch Überfischung eines Sees, stört man die Nahrungskette der verbleibenden Arten. Angenommen, diese ändern ihren Menüplan und fressen etwas Anderes. Das kann für eine gewisse Zeit gut gehen, aber – wie das Amen im Gebet – kommt der Punkt, an dem das nicht mehr möglich ist, und das Ökosystem See kippt. Fast alle Arten verhungern. Es kann Jahrzehnte dauern, bis sich das Ökosystem wieder erholt.

## ZERBRECHLICHKEIT

Dieses Buch handelt von der Zerbrechlichkeit der Welt. Davon, wie komplexe Systeme, die wir als Gesellschaft notwendig brauchen, kollabieren können. Mit der Wissenschaft komplexer Systeme verstehen wir erstmals besser, warum wir dem Thema Kollaps bisher meist hilflos gegenübergestanden sind, und uns System-Zusammenbrüche aus heiterem Himmel erwischt haben. Wir verstehen, wieso ohne Computer und ohne Daten ein Verständnis dieser Phänomene bisher einfach nicht möglich war. Wir verstehen aber auch, dass weder Computer noch Daten alleine ausreichen werden, um komplexe Systeme zu durchschauen.

Die Menge der weltweit gespeicherten Daten ist gigantisch und sie wächst weiterhin exponentiell. Die verfügbaren Rechenkapazitäten setzen uns ebenso quasi keine Grenzen mehr. Auch sie sind in den vergangenen Jahren exponentiell gewachsen und wachsen weiter. Der Flaschenhals ist und bleibt das Verständnis der komplexen Systeme. Nämlich das Verständnis, unter welchen Bedingungen sich Netzwerke umgestalten und wie Interaktionen Bauteile verändern, die wieder Netzwerke umgestalten und so weiter. Als Konsequenz dieser sogenannten co-evolutionären Dynamik gibt es Punkte, an denen das System rapide andere Makrozustände einnehmen kann. Dieser Übergang offenbart sich oft als Kollaps. Die dahinterliegende Dynamik zu verstehen, bildet einen Kernbereich der Komplexitätsforschung.

Nicht nur am *Complexity Science Hub Vienna* arbeiten wir daran, dieses Verständnis zu verbessern. Wir sind selbst Teil eines internationalen Netzwerks von Komplexitätsforschungszentren, deren Knotenpunkte unter anderen das *Santa Fe Institute* in New Mexico, das *Institute of New Economic Thinking* in Oxford, die *Arizona State University* und das Forschungsinstitut *IFISC* in Palma de Mallorca bilden. Vielen Forschern in diesem Netzwerk ist bewusst, dass – so gerne wir auch im wissenschaftlichen Elfenbeinturm sitzen – die Fortschritte der Wissenschaft eventuell mitentscheidend für das Überleben unserer Kultur sein könnten.

- Komplexe Systeme umgeben uns, wo immer wir hinsehen.
- Sie bestehen aus dynamischen Netzwerken.
- Netzwerke beeinflussen die Bauteile und umgekehrt.
- Dadurch entsteht eine Vielzahl von *emergenten* Phänomenen.

- Ohne Verständnis der Netzwerke bleiben diese unverständlich.
- Komplexe Systeme sind ohne Computer und Big Data nicht beherrschbar.
- Sie sind selbst-organisierend und resilient.
- Die Wissenschaft komplexer Systeme ist auch eine von Kollaps und Zusammenbruch.
- Kein Wissenschaftszweig hat so wie sie die Möglichkeit, System-Risiken zu erkennen und *Tipping Points* zu identifizieren.

# KAPITEL 3: **DIE ZERBRECHLICHKEIT VON KOMPLEXEN SYSTEMEN**

*Systeme kollabieren, manche blitzartig. Oft geschieht das über Kettenreaktionen, bei denen winzige Ursachen riesige Auswirkungen haben.*

## KLEINE AUSLÖSER, RIESIGE WIRKUNG: KETTENREAKTIONEN

Alles geht kaputt. Manches davon auf spektakuläre Art und Weise. Viele Menschen fasziniert es, Systemen beim Crash zuzusehen. Ein bekanntes Beispiel ist ein Experiment mit Mausefallen und Tischtennisbällen. Dabei legt man hunderte gespannte Mausefallen in eine gläserne Kiste, zum Beispiel in ein leeres Aquarium, und auf jede Mausefalle kommt statt Käse ein Tischtennisball. Die Mausefallen werden schön regelmäßig in die Kiste geschlichtet. Das System ist in Ruhe, nichts passiert. Dann wirft jemand von außen einen einzigen Ball in die Kiste. Die vom Ball getroffene Mausefalle schnappt zu, springt dabei hoch und schleudert ihren Ball in die Luft. Der trifft eine andere Mausefalle, die ebenfalls zuklappt, hochspringt und ihren Ball wegschleudert und so weiter. Es kommt zu einem blitzartigen regelrechten Mausefallen- und Tischtennisbälle-Gewitter, bei dem alle Fallen und Bälle wild durcheinander springen.

Auf *Youtube* gibt es ein Video, für das man 900 Mausefallen gespannt und 900 Bälle draufgelegt hat[9]. Nachdem der erste auslösende Ball in dieses System geworfen wurde, dauert es wenige Sekunden, bis mit bemerkenswertem Krach alle Mausefallen und Tischtennisbälle in der Kiste kreuz und quer durcheinander fliegen. Danach herrscht wieder Ruhe, aber alles ist anders. Jede Ordnung ist verschwunden. Ein System ist gecrasht.

Die Mausefallendemonstration ist ein Beispiel für eine Kettenreaktion. Das Schema ist dabei immer dasselbe. Ein kleiner Auslöser hat riesige Wirkung, der »Crash« passiert sehr schnell im Vergleich zum Aufstellen der Mausefallen und nachher ist alles anders. Meist ist das ganze System davon betroffen.

Die zentrale Idee hinter einer Kettenreaktion ist, dass ein »Event«, wie zum Beispiel das Zuschnappen einer Falle und das Wegschleudern des Balls, nicht nur einen weiteren Event auslöst, sondern mehrere. Wenn zum Beispiel jede Falle zwei weitere Fallen zuschnappen lässt, dann hat man erst einen Schnapp-Event, dann zwei, dann vier, dann acht, dann 16 und so weiter. Nach zehnmaliger Wiederholung fliegen bereits mehr als 1000 Bälle herum, und das Chaos breitet sich exponentiell weiter aus.

Es gibt in der Natur dutzende Beispiele für Kettenreaktionen. Etwa Lawinenabgänge, wo ein kleiner Schneeball immer mehr Schnee mit sich reißt, und je mehr Schnee rutscht, umso mehr Schnee kommt ins Rutschen. Oder die Kernspaltung in der Physik, wo ein zerplatzender Atomkern mehrere Neutronen freigibt, die ihrerseits wieder mehrere Kerne zum Platzen bringen. Sobald ein zerfallendes Atom mehr als ein weiteres zum Zerfallen bringt, kommt es zur Kettenreaktion, die ungebremst zur Atombombe wird, mit sprichwörtlich blitzartiger Wirkung. In Kernkraftwerken achtet man daher genau darauf, dass ein zerfallendes Atom im Mittel nur zu genau einem weiteren Zerfall führt und keine Kettenreaktion zustande kommt.

Ein weiteres Beispiel für eine Kettenreaktion ist die Ausbreitung von Viren. Wenn im Mittel eine infizierte Person mehr als eine weitere ansteckt, breitet sich die Epidemie schlagartig und exponentiell aus. Wenn sie sich zu schnell ausbreitet, kann das die Gesundheitssysteme überlasten. Dass das kein theoretisches Szenario ist, mussten viele Länder im Zuge der Corona-Krise hautnah erleben. Wenn jede Person weniger als eine weitere Person ansteckt, verschwindet die Epidemie. Die Reproduktionszahl »R« gibt an, wie viele Personen eine einzelne infizierte Person ansteckt. Ist sie größer als eins, bedeutet das Epidemie. Ist sie kleiner, droht keine Gefahr.

## GLEICHE MUSTER

Obwohl das Mausefallenexperiment, Kernspaltung, Lawinen und Virenausbreitung grundverschiedene Phänomene sind, steckt dahinter immer ein ähnliches Muster. Während der Corona-Krise nützte das *Ohio Department of Health* diese Ähnlichkeit, um in einem Video die Bedeutung des *Social Distancing* zu demonstrieren[10]. In dem Video verwenden sie dasselbe Mausefallenexperiment mit dem Unterschied, dass die Mausefallen weiter voneinander entfernt platziert waren – *distancing* eben. Der von oben kommende Tischtennisball springt zwischen den Fallen umher. Ab und zu schnappt eine Falle zu, aber sonst passiert nichts – es kommt zu keinem Crash. Man sagt, es kommt zu keinem »systemischen Event«. Das System bleibt großteils intakt. Wenn wir von der Zerbrechlichkeit der Welt sprechen, interessieren uns Fragen wie: Wie schützen wir unser Gesundheits- und unser Finanzsystem? Wie verbessern wir die Zivilgesellschaft, ohne sie dabei zu zerstören? Wie retten wir unsere Öko-Systeme, unsere Landwirtschaft und unsere Lebensräume vor den Folgen der Klimakrise? Wie beherrschen wir die weltweite Urbanisierung, ohne dass sich unsere Städte in Slums von verarmten und aussichtslosen Menschen verwandeln? Oder wie schützen wir uns vor der Zerstörung der Privatsphäre durch unverantwortlichen Umgang mit Big Data und *Fake News*?

Im Gegensatz zu den bisher erwähnten Phänomenen, wie der Kernspaltung und der Virenausbreitung, sind die Systeme, um die es hier geht, komplex in dem Sinne, wie wir es im vorigen Kapitel kennengelernt haben. Sie basieren auf vielen miteinander verwobenen dynamischen Netzwerken. Es gehört zur Natur der komplexen Systeme, dass auch sie schnell crashen und sich dabei vollkommen verändern können, was wir oft als großes Chaos erleben.

Komplexe Systeme kollabieren überall und ständig. Ein Kollaps ist das durchaus wahrscheinliche Szenario vom Ende eines jeden komplexen Systems. Eine zentrale Frage ist, wie wahrscheinlich ist der Kollaps in der nächsten Zeit? Und können wir unsere Systeme, wenn sie uns wichtig sind, so umgestalten, dass die Kollaps-Wahrscheinlichkeit drastisch verringert wird?

Wenn wir es zum Beispiel schaffen würden, unser Finanzsystem hundertmal sicherer zu machen, also die Kollaps-Wahrscheinlichkeit auf ein Hundertstel zu reduzieren, dann wäre nicht alle zehn Jahre eine Finanzkrise zu erwarten, sondern nur mehr alle tausend Jahre. So ein System wäre dann ziemlich sicher und wir könnten die Sorge vor dem Finanzcrash ein für alle Mal begraben. Wir werden im nächsten Kapitel sehen, dass das gezielte »sicherer machen« von komplexen Systemen heute bereits im Bereich des Möglichen liegt.

In dem wachsenden Wissen darüber, wie komplexe Systeme funktionieren, wie sie sich verändern und was zu ihrem Crash führt, und insbesondere wie sich die Kollaps-Wahrscheinlichkeiten verändern lassen, liegen deshalb viele Antworten auf die aktuellen großen Fragen der Menschheit. Viele komplexe Systeme kollabieren blitzartig, und viele von ihnen nach dem Schema von Kettenreaktionen, die sich allerdings nicht so leicht verstehen lassen wie die in den eingangs erwähnten Beispielen. Im Folgenden werden wir versuchen, die Ursachen eines Kollaps besser zu verstehen.

## WIE CRASHT EIN KOMPLEXES SYSTEM?

Denken wir zum Beispiel an ein soziales System. Das ist ein Netzwerk, bei dem die Knoten Menschen darstellen und die Links zum Beispiel beschreiben, wer wen wann trifft. Wenn

Herr X an einem bestimmten Tag Frau Y trifft, besteht im »Treff-Netzwerk« an diesem Tag ein »Link« zwischen X und Y. Wenn sie sich am folgenden Tag nicht sehen, ist der Link am nächsten Tag nicht mehr da. Diese Veränderbarkeit der Netzwerke macht Systeme *adaptiv*, sie können sich dadurch laufend an die gegebenen Umstände anpassen.

Wenn ein Link in einem Netzwerk verschwindet, verändert das meist gar nichts an der Funktionsweise des Netzwerkes. Im »Treff-Netzwerk« eines Landes entstehen und verschwinden täglich Millionen von Links, aber insgesamt sehen die Netzwerke von einem Tag zum nächsten dennoch sehr ähnlich aus. Wenn aber Situationen auftreten, die es plötzlich verhindern, dass Links entstehen, oder sich ein Netzwerk rapide verändert, verändert sich auch die Funktionsweise des Netzwerks. Es funktioniert dann nicht mehr so wie früher. Oft wird das als Crash wahrgenommen.

Stellen wir uns das folgende, etwas unrealistische Szenario vor: Es gibt keine Massenmedien mehr, kein Fernsehen, keine Zeitung, kein Radio. Menschen können aber über ihre Kommunikationsnetzwerke wie Mobiltelefon, *Whatsapp, Facebook* und so weiter miteinander kommunizieren. Man kann sich auch treffen, um jemandem etwas mitzuteilen.

Stellen Sie sich vor, dass eine Person weiß, dass es ein neues, sehr ansteckendes Virus gibt. Diese Person erzählt die Neuigkeit ihren Freunden. Jeder von ihnen erzählt es ebenso weiter, typischerweise mehr als einer weiteren Person. Wie wir wissen, führt das zu einer Kettenreaktion, also zur explosionsartigen Ausbreitung dieser Neuigkeit. In kürzester Zeit wissen praktisch alle, dass es das neue Virus gibt.

Diese Information hat große Auswirkungen auf das Verhalten der Menschen. Sobald sie von der Neuigkeit erfahren, vermeiden sie soziale Kontakte. Sie hören auf, Links im »Treff-Netzwerk« zu erzeugen. Das führt dazu, dass das »Treff-Netzwerk« aufhört zu existieren, denn ein Netzwerk ohne Links ist kein Netzwerk mehr. Es ist auch kein System mehr. Die Kettenreaktion der Informationsausbreitung im Kommunikationsnetzwerk hat also zur Folge, dass das »Treff-Netzwerk« zusammenbricht. Niemand trifft mehr andere, Menschen gehen nicht mehr zur Arbeit, fahren nicht mehr U-Bahn, das soziale Leben kollabiert.

Auf ähnliche Weise kollabieren auch Finanznetzwerke oder manchmal ganze Gesellschaften. Eine Information breitet sich in einem Netzwerk aus und hat zur Folge, dass sich andere Netzwerke auflösen oder sich drastisch umstrukturieren, so, dass sie nicht mehr funktionsfähig sind.

Ein anderes Beispiel sind Lieferketten. Die Wirtschaft eines Landes besteht aus hunderttausenden Firmen und Unternehmen. Viele davon produzieren Güter und verkaufen diesen »Output« an andere Firmen, die ihn als »Input« für ihre eigene Produktion benötigen. Eine Bäuerin kauft Sojabohnen aus Brasilien und produziert damit Schweine. Sie verkauft diese an einen Schlachthof und dieser verkauft die Schweinehälften an Metzger und Großmärkte. Diese verpacken das Fleisch und liefern es an Lebensmittelhändler und diese schließlich weiter an die Supermärkte. Diese Produktionskette lässt sich als Netzwerk darstellen, bei dem die Knoten die Unternehmen eines Landes sind. Die Inputs für jedes Unternehmen sind Links *von* einem anderen Produzenten. Die Outputs jeder Firma sind Links *zu* den Kunden der Firma. Sobald ein Input für eine Firma ausfällt, zum Beispiel, weil die Sojaernte ausgefallen ist, kann sie nicht mehr produzieren, also keinen Output mehr liefern. Die Bäuerin kann keine Schweine mehr mästen und liefern. Die Output-Links verschwinden, und das Netzwerk zerfällt.

Das wiederum kann andere Firmen betreffen, wenn sie ihre Inputs nicht von einem alternativen Zulieferer beziehen können. Der Ausfall eines Knotens im Netzwerk kann daher zum Ausfall von weiteren Knoten führen. Wenn ein Ausfall im Schnitt mehr als einen weiteren Ausfall bedingt, kann das wieder zu Kettenreaktionen führen, und es kommt zum blitzartigen Stillstand der Produktionsketten, mit katastrophalen Auswirkungen für die Wirtschaft, wie sie manche Länder während der Corona-Krise miterleben mussten. Die Funktion der Lieferkettennetzwerke, nämlich die Bevölkerung mit Nahrung, Konsumgütern und Dienstleistungen zu versorgen, verschwindet.

## KOLLAPS AUF RATEN

Die Corona-Krise hat nicht nur viele Menschen dafür sensibilisiert, dass das Gesundheitswesen, die Wirtschaft und letztlich die gesamte Gesellschaft komplexe Systeme bilden, die miteinander in enger Verbindung stehen, sondern auch dafür, wie zerbrechlich diese Systeme sind. Dafür, dass sie tatsächlich crashen können und es auch tun. Aufgrund von scheinbar harmlosen Auslösern, die niemand im Blick hatte. Die Krise hat für jeden und jede verständlich demonstriert, dass etwas, dessen Durchmesser etwa 500 Mal geringer als die Dicke eines Haares ist, eine Kettenreaktion zwischen voneinander abhängigen Systemen auslösen kann. Eine Kettenreaktion, die mit dem komplexen System Mensch beginnt und die zu einem Kollaps unseres Finanzsystems und vielleicht sogar zu dem unserer Zivilgesellschaft führen kann. Zur Demonstration, wie Systeme miteinander zusammenhängen, das folgende Beispiel.

## VIRUS BEDROHT DAS »SYSTEM MENSCH«

Ein Corona-Virus gelangt zunächst, eingeschlossen in Tröpfchen oder Schwebeteilchen in der Luft in Nase und Rachen. Die Außenhülle des Virus enthält drei Proteine, von denen eines wie Spitzen einer Krone aussieht. Damit dockt es an den Zellen an. Sind die Spikes des Virus mit den Rezeptoren einer Zelle verbunden, aktiviert die Zelle einen Prozess, der das Innere des Virus, seine RNA, in ihr Inneres transportiert. Die Zelle integriert diese RNA und beginnt ihrerseits weitere Viren zu produzieren – sehr viele. Das Immunsystem bemerkt diese Eindringlinge und setzt die körpereigene Abwehr in Gang. Es schickt Fresszellen aus. Diese docken an Viren an und zerlegen sie in ihre Einzelteile. So der Plan.

Das Virus greift bevorzugt das Atmungssystem an, da es in der Lunge besonders gut andocken kann. Durch die große Virenlast und die Abwehrzellen kommt es zu Schäden an den Lungenbläschen. Sie füllen sich mit Flüssigkeit und sobald das geschieht, funktionieren sie nicht mehr so wie sie sollen. Atemnot und Lungenentzündungen sind die Folge.

Das Virus kann auch das Herz-Kreislauf-System angreifen. Viele schwer Erkrankte leiden etwa an einer Entzündung des Herzmuskels. Ein gestörter Geschmacks- und Geruchssinn, beides Symptome einer COVID-19-Erkrankung, weisen auch darauf hin, dass das Corona-Virus auch das Nervensystem angreifen könnte. Sind Lunge oder Herz-Kreislauf-System zu wenig robust und resilient, steuert der Mensch auf einen Crash seines Gesamtsystems zu, der für ihn tödlich endet. Ab einem bestimmten Zeitpunkt braucht er Hilfe von außen. Er braucht die Hilfe des Gesundheitssystems.

## GESUNDHEITSSYSTEM IN GEFAHR

Das Ebola-Virus, das von 2014 bis 2016 zu einer Epidemie in mehreren westafrikanischen Ländern führte, ist weitaus gefährlicher für den Menschen als das Corona-Virus, denn es führt nach einer Ansteckung sehr schnell zum Tod. Das Corona-Virus hingegen produziert eine große Menge an Krankenhaus-Patienten und greift damit direkt die nationalen Gesundheitssysteme an, und zwar auf eine Art, auf die bisher niemand vorbereitet war. Es geht dabei vor allem um die Zahl der verfügbaren Intensivbetten. Gesundheitssysteme legen diese Zahl so fest, dass im Normalfall der Großteil der Betten ausgelastet ist und darüber hinaus ein Puffer besteht.

Da der Krankheitsverlauf bei einer schweren Corona-Infektion oft eine künstliche Beatmung erfordert, die nur in Intensivbetten möglich ist, waren in vielen Ländern diese Puffer erstmals nicht mehr ausreichend. Das Horrorszenario, das in einigen Ländern Realität wurde, bestand darin, dass, sobald die letzten Intensivbetten belegt waren, neuankommende Patienten keine Behandlung mehr bekamen und irgendjemand entscheiden musste, wer ein Bett bekam und wer nicht. Opfer dieses systemischen Infarktes waren nicht nur Corona-Infizierte. Hatte jemand zum Beispiel einen Schlaganfall oder einen Herzinfarkt, war die Möglichkeit einer Behandlung im Krankenhaus nicht mehr sicher. Auch Operationen wurden ausgesetzt oder verschoben. Viele Staaten haben sich deshalb dazu entschlossen, alles zu tun, um einen Crash des Gesundheitssystems zu vermeiden. Sie verhängten eine Reihe von zum Teil drastischen Maßnahmen, sie verhängten Lock-Downs und Maskenpflicht, schlossen Geschäfte, Restaurants, Cafés und Fabriken, schränkten die Bewegungsfreiheit ein, untersagten Veranstaltungen und verhängten teilweise sogar Ausgangssperren.

Durch diese Maßnahmen konnte das Corona-Virus als nächstes, bildlich gesprochen, die Basisversorgung mit Lebensmitteln und Medikamenten angreifen. Schon zu Beginn der Krise wurde vielen Unternehmen blitzartig klar, dass viele Lieferketten von den Grenzschließungen und dem reduzierten Flugverkehr betroffen waren. Da heute aufgrund billiger Produktion viele Grundprodukte aus China kommen und die Transportwege unterbrochen waren, waren einige dieser Produkte nicht mehr verfügbar. Die eigene Produktion konnte folglich nur noch so lange aufrechterhalten werden, als Waren in Lagern vorrätig waren. Sobald diese Puffer aufgebraucht waren, konnte nicht weiter produziert werden, was wieder andere Firmen entlang der Lieferketten in Schwierigkeiten bringen konnte.

Besonders dramatisch war die Erkenntnis, wie abhängig die EU-Staaten inzwischen im Bereich der Antibiotika sind. Auch kam es zu zeitweiligen Lieferengpässen bei Nahrungsmitteln, die zum Glück in Europa keine große Rolle spielten und binnen weniger Tage unter Kontrolle gebracht werden konnten. In den USA hingegen kam es tatsächlich zu einem Zusammenbruch der Schweinefleisch-Lieferkette mit traurigen Folgen für Tier und Mensch.

Durch die Maßnahmen, die viele Staaten verhängten, und durch die zahlreichen Verhaltensänderungen der Menschen, bekam das Virus im nächsten Schritt die Gelegenheit, die vorübergehende Krise des Gesundheitssystems in eine anhaltende Krise des Wirtschaftssystems zu verwandeln. Beim »Angriff« des Virus auf das Wirtschaftssystem geht es wieder um Puffer. Es geht zum Beispiel um die Frage, welche Finanzreserven ein Unternehmen hat, um die Krise übertauchen zu können. Laut Schätzungen hatten vor der Krise etwa ein Viertel aller Firmen in Österreich gar keine Finanz-Puffer. Sie hatten sogenanntes »negatives Eigenkapital«. Die Wahrscheinlichkeit, dass solche Firmen die durch den Lock-Down verursachten Herausforderungen meistern würden, ist trotz der Staatshilfen gering. Dass sie einen Shutdown von mehreren Monaten überleben würden, war praktisch ausgeschlossen.

Die Arbeitslosenzahlen, die durch den Wegfall dieser Firmen zu erwarten sind, sind astronomisch. Diese Arbeitslosen würden weitere Hilfen vom Staat beanspruchen, der durch den Wegfall von Steuereinnahmen der kollabierten Firmen und von gestiegenen Sozialleistungen doppelt geschwächt würde. Eine Kettenreaktion in Form einer Feedbackschleife oder Abwärtsspirale: Firmen fallen aus, Steuern fallen weg, Staatshilfen werden reduziert, mehr Firmen fallen aus.

Wenn der Staat durch die Wirtschaft keine Steuern mehr lukrieren kann, kollabiert er irgendwann selbst. Mit ihm kollabieren seine Sozialsysteme, sein Gesundheitssystem, sein Rentensystem, sein Bildungssystem, sein Justizsystem, sein Verteidigungssystem und alles, was ihn sonst noch ausmacht. Sobald der Staat keine Mittel mehr hat, LehrerInnen, PolizistInnen und SoldatInnen zu bezahlen, werden viele von ihnen irgendwann nicht mehr zum Dienst erscheinen. Wenn RentnerInnen kein Geld mehr bekommen, wenn Banken geschlossen und Lebensmittel rationiert sind, weil Lieferketten unterbrochen und Fabriken geschlossen sind, wenn Millionen Menschen fürchten, zu wenig zu essen zu bekommen, dann ist es vielleicht auch vorbei mit dem sozialen Frieden. Dann gehen Menschen auf die Straße und fangen an, um die Speisekammern zu kämpfen, die noch gefüllt sind.

Viele Staaten begegnen diesem Dilemma und der Gefahr der Abwärtsspirale mit Finanzgarantien für Firmen. Diese lösen zwar manchmal das Problem kurzfristig, verschieben die Krise aber oft nur auf die nächste Ebene – in die Sphäre des Finanzsystems.

## UNABSEHBARE GEFAHREN FÜR DAS FINANZSYSTEM

Wann geht eine Firma pleite? Nicht wenn sie null Euro hat, sondern wenn sie minus 50.000 oder minus 500.000 Euro hat. Sie geht pleite, wenn sie Kredite oder andere Verbindlichkeiten aufgenommen hat, die sie nicht mehr zurückzahlen kann. Kann zum Beispiel ein Hotelier seine Kreditrate nicht mehr bezahlen, geht das Hotel in den Besitz der Bank über. Angenommen, das Hotel steuert auf eine ungewisse Zukunft zu, etwa, weil es wiederkehrende Reisebeschränkungen gibt oder weil es beginnt, unattraktiv zu werden und längst renoviert werden müsste. Die Bank kann versuchen, das Hotel zu verkaufen, doch eventuell wird es niemand haben wollen, weil es Geld kostet, anstatt welches zu verdienen. Die Bank bleibt also auf dem Minus, auf dem faulen Kredit, sitzen.

Betroffene Banken müssen in so einem Fall die betreffende Summe von ihrem Eigenkapital abziehen. Wenn das zu oft passiert und das Eigenkapital einer Bank gegen Null geht oder sogar negativ wird, ist auch die Bank pleite. Wenn der Staat sie nicht rettet, crasht sie und reißt mitunter andere, selbst gesunde Banken, mit in den Abgrund. Die Finanzkrise beginnt.

Das ist nicht die einzige Form, wie es zu einer Finanzkrise kommen kann. Wäre im Zuge der Corona-Krise das Misstrauen der Bevölkerung gegenüber den Banken größer gewesen, hätte das zu einem unmittelbaren Crash des Finanzsystems schon zu Beginn der Krise führen können. Viele Menschen haben im März und April 2020 bereits ihr Geld abgehoben, um es zuhause zu verwahren. Nationalbank-Chefs verhinderten mit ihren Beschwichtigungen Schlimmeres. Wäre die Angst etwas größer gewesen, hätte sie eine für die Banken katastrophale Kettenreaktion ausgelöst. Denn heben viele Bankkunden gleichzeitig ihr Geld ab, sind die Banken auch ohne geplatzte Kredite überfordert. Irgendwann ist ihr Geld einfach aus. Sie müssten ausständige Kredite zurückfordern, viele davon werden aber uneinbringbar sein. Wieder setzt eine Kettenreaktion in Form einer Abwärtsspirale ein. Zentralbanken können zwar eingreifen und Geld drucken, doch auch hier sind die Möglichkeiten begrenzt. Drucken sie zu viel, erhöhen sie das Risiko einer starken Inflation, bei der im schlechtesten Fall Euro- und Dollarscheine nur noch ihren Heizwert haben.

## VON EINER EBENE AUF DIE ANDERE

Am Beispiel des Corona-Virus haben wir gesehen, wie komplexe Systeme aufs Engste miteinander verschränkt sein können. Zunächst kommt durch den Virusbefall das Gesundheitssystem unter Druck, und um es zu schützen, ändern sich individuelle Verhaltensweisen, was zu einer Vielzahl an Konsequenzen in den zugrundeliegenden Netzwerken führt. Leute treffen einander nicht mehr, soziale Netzwerke dünnen aus. Als Konsequenz wird weniger produziert. Das, in Kombination mit Grenzschließungen, führt dazu, dass Zuliefernetzwerke zu kollabieren drohen, Verteilungs-, Steuerungs- und Zahlungsnetzwerke kommen unter Druck und verändern sich, zum Teil massiv. Ein Problemkreis auf einer Ebene lässt sich auf eine andere Ebene verschieben. Das Problem ist dadurch aber meist nicht gelöst. Der Ausfall von Firmen kann zwar durch Finanzgarantien verzögert werden, kann aber später in Form eines Finanzcrashs auf uns zurückfallen.

Um den Gefahren eines gekoppelten Ausfalls verschiedener Systeme zu entgehen, haben einige Staaten beschlossen, das Risiko eines kollabierenden Gesundheitssystems in Kauf zu nehmen, um damit ihre Wirtschaft und das Finanzsystem zu schützen. Dass dies in einem Netzwerk internationaler Wirtschaftsverflechtungen und einem globalisierten Finanzsystem nicht notwendigerweise funktionieren muss, sieht man am Weg, den Schweden in den ersten Monaten der Corona-Krise beschritten hat.

Zusammengefasst bedeutet das: Veränderungen im Verhalten ändern Netzwerke. Netzwerke existieren nicht alleine, sie sind miteinander verwoben. Das heißt, dass Veränderungen in einem Netzwerk typischerweise zu Änderungen in einem anderen führen. Das führt wieder zu einer Verhaltensänderung von Personen, Banken, Hoteliers, ÄrztInnen, was wieder zu Veränderungen in den Netzwerken führt, die sie bilden.

Wir haben gesehen, dass dynamische Netzwerke eine gewisse Kollaps-Wahrscheinlichkeit besitzen. Wie ändert sich diese also, wenn man Systeme betrachtet, die nicht nur aus einzelnen Netzwerken bestehen, sondern aus zusammenhängenden Netzwerken?

Die Antwort ist eine zentrale Erkenntnis aus der Wissenschaft komplexer Systeme. Shlomo Havlin, ein israelischer Physiker an der Bar-Ilan Universität in Israel, der auch mit dem *Complexity Science Hub Vienna* assoziiert ist, hat nachgewiesen, dass die Kollaps-Wahrscheinlichkeit von *Netzwerken von Netzwerken* drastisch höher ist als die einfacher Netzwerke[11]. Verkoppelte Netzwerke sind also weitaus fragiler.

## ROBUST, ANPASSUNGSFÄHIG, RESILIENT

Wir haben gesehen, dass Kettenreaktionen bereits bei *einfachen* Systemen vorkommen, die alles andere als komplex sind, zum Beispiel bei den Mausefallen. Was komplexe Systeme auszeichnet und fasziniert macht, ist, dass sie oft weitaus robuster sind als einfache Systeme[12]. Sie sind anpassungsfähig und kollabieren daher oft wesentlich später, als man erwarten würde. Manchmal kollabieren sie überhaupt nicht, sondern entwickeln sich in völlig neue und unerwartete Richtungen weiter. Dazu müssen wir die Begriffe Robustheit und Resilienz genauer betrachten.

## ROBUSTHEIT

Ein System ist robust, wenn es sich durch einen äußeren Schock nicht verändert, wenn es sich danach genauso verhält und genauso funktioniert wie vor dem Schock. Viele, auch nicht komplexe Systeme, sind robust und halten lange viel aus, ohne sich zu verändern. Ein Auto zum Beispiel hält problemlos Schlaglöcher bis zu einer gewissen Tiefe aus. Robuste Systeme verkraften den Ausfall einzelner Akteure oder Bauteile, der Verlust des Blinkers hindert das Auto nicht daran, weiterzufahren. Auch den Wegfall von einzelnen Links in den zugrundeliegenden Netzwerken halten robuste Systeme aus, auch massive Fehler von einzelnen Akteuren oder Institutionen. Schocks und Ausfälle werden aber meistens nur bis zu einem bestimmten kritischen Punkt toleriert. Eine einzige, noch so kleine Intervention oder ein einziges unvorhergesehenes Ereignis über diesen Punkt hinaus, selbst eine gut gemeinte Stabilisierungsmaßnahme, kann sich dann in ihr Gegenteil verkehren. Jenseits dieser Robustheitsgrenze wird das System von einem Augenblick zum nächsten crashen. Ist ein Schlagloch zu tief, bricht die Achse, und die Reise ist zu Ende. Das System geht kaputt und bleibt kaputt.

## RESILIENZ

Resilienz ist eine weitaus spannendere Eigenschaft, die ausschließlich komplexe Systeme besitzen. Ein System ist resilient, wenn es mit einem Schock gewissermaßen umgehen kann, indem es sich nach dem Schockereignis quasi selbst repariert. In diesem Sinne ist ein Auto bis zu einem gewissen Grad robust, aber niemals resilient. Ein resilientes komplexes System, das eine gewisse Funktion erfüllt, und einen Schock erfährt, büßt als Folge des Schocks seine Funktion zunächst zu einem Teil ein, es funktioniert »schlechter«. Im Laufe der Zeit gewinnt es seine Funktion aber wieder zurück und funktioniert wie vor dem Schock.

Die Fähigkeit zur Resilienz *emergiert* aus der Anpassungsfähigkeit der komplexen Systeme. Und diese wiederum hängt mit der Fähigkeit der Bauteile eines Systems zusammen, ihre Links im Netzwerk dynamisch zu erzeugen, zu vernichten und zu verändern.

Nehmen Sie zum Beispiel an, durch einen äußeren Schock gehen Links verloren. Wenn Knoten im Netzwerk diese Links aber im Laufe der Zeit wiederherstellen können, stellt sich auch die vorige Funktionstüchtigkeit wieder ein und das System funktioniert so gut wie zuvor, vielleicht sogar besser. Wenn wir uns mit einem Messer in den Finger schneiden, verschwinden viele Verbindungen zwischen den Zellen. Durch eine Reihe von molekularen Prozessen, die auf sogenannten molekularen Regulations-Netzwerken stattfinden, werden diese Verbindungen durch die Produktion von Enzymen und speziellen Molekülen wiederhergestellt. Der Körper ist ein molekulares Netzwerk, das sich selbst heilen kann, er ist resilient.

Ein anderes Beispiel ist, dass aufgrund von Corona-bedingten Lock-Downs Links in sozialen Netzwerken verloren gehen. Wir treffen weniger Leute. Das soziale System kann dadurch eine Vielzahl von Funktionen nicht mehr gut ausführen, manche Funktionen – wie etwa Kulturveranstaltungen – fallen zeitweilig sogar vollständig aus. Sobald der Lock-Down vorbei ist, beginnen sich Menschen wieder zu treffen, kreieren wieder »Treff-Links« und stellen so das vielfältige soziale Leben vor der Krise allmählich wieder her. Dieses Netzwerk kann dann seine Aufgaben wieder erfüllen wie vor der Krise. Die Musik spielt wieder. Vielleicht haben sich aber auch viele Links nicht mehr in der alten Form gebildet. Dann funktioniert das System etwas anders. Es hat sich einer neuen Welt angepasst und dadurch weiterentwickelt.

Ein System ist umso resilienter, je schneller es nach einem Schock seine alten Funktionen oder Aufgaben wieder aufnehmen kann. Resilienz ist besonders hoch entwickelt, wenn sich die Funktion nach einem Schock sogar verbessert. Ein System ist nicht resilient, wenn es als Folge eines Schocks sofort crasht oder allmählich kaputtgeht. Wie bei der Robustheit hängt Resilienz von der Größe und der Art des Schocks ab. Schocks jenseits der *Tipping Points* lassen auch resiliente komplexe Systeme unweigerlich kollabieren, ohne Möglichkeit zur selbst-organisierten Reparatur oder Selbstheilung.

Wenn ein Netzwerk kaputtgeht, hat das damit zu tun, dass Knoten oder Links innerhalb des Netzwerkes verloren gehen. Es kann trotzdem zunächst weiter funktionieren. Doch wenn zu viele Knoten oder Verbindungen verschwinden, ist es irgendwann vorbei.

Wenn zum Beispiel innerhalb eines Staates ein Mensch ausfällt, weil er auswandert, funktioniert das große *Netzwerk von Netzwerken* »Staat« problemlos weiter. Wenn zwei Menschen ausfallen, funktioniert der Staat ebenso. Aber wenn 200.000 talentierte Menschen auswandern, kann es sein, dass er seine Aufgaben, zum Beispiel, sich selbst zu erhalten, für Nahrung der Bevölkerung zu sorgen, Ressourcen zu verteilen, ein Gesundheitssystem und seine Verwaltung zu organisieren, nicht mehr erfüllen kann. Dann ist er kaputt und kann sich über Jahrzehnte nicht mehr reparieren, weil seine Knoten die entscheidenden Links nicht mehr herstellen können.

## WAS BRINGT DAS VERSTÄNDNIS VON ROBUSTHEIT UND RESILIENZ?

Können wir sagen, wie resilient ein Land ist? Wieviel Schock hält es aus, um sich gerade noch selbst »reparieren« zu können? Würden wir das wissen, könnten wir vollkommen andere Entscheidungen treffen, als wir das heute zu tun vermögen. Wir könnten die verschiedenen Arten möglicher Schocks einteilen in solche, die gefährlich sind, und solche, die man gut überstehen kann.

Wir könnten weiter fragen, wieso das Land nicht resilienter ist, wo seine Schwachstellen liegen. Was muss verbessert werden, um bestimmte Krisen besser überstehen zu können? Wir sind heute zwar noch meilenweit davon entfernt, solche Fragen beantworten zu können, aber erstmals in der Menschheitsgeschichte rücken Antworten doch in eine erreichbare Nähe. Am *Complexity Science Hub Vienna* machen wir erste Versuche bei der Vermessung der Resilienz von Ländern.

Dazu sind zwei Schritte notwendig. Zuerst muss man das Land in einem Computermodell quasi »nachbauen«, wie wir es etwa mit der Republik Österreich tun. Eine Gesellschaft oder ein Staat besteht aus einer Vielzahl von miteinander verwobenen Netzwerken. Folglich muss man diese Netzwerke, die sich mithilfe von Datenbanken darstellen lassen, in einem Computermodell zusammenführen und in einen vernünftigen Kontext bringen. Das sind insbesondere die Handelsnetzwerke, Zuliefernetzwerke, Banken- und Kreditnetzwerke. Aber denken Sie auch an Infrastrukturnetzwerke, Kommunikationsnetzwerke,

Zahlungsströme, Steuerungsnetzwerke und viele mehr. Die Knoten in diesen Netzwerken sind Menschen, Firmen, Banken und Institutionen, wie Schulen und Krankenhäuser oder Ministerien. Die Verbindungen zwischen ihnen finden sich zunehmend in Datenbanken. Dadurch entsteht die »*digitale Kopie*« eines Landes, mit der man dann virtuell in einer Computer-Simulation »spielen« kann. Selbstverständlich unterliegen diese Daten meist strikten Datenschutzbestimmungen und dürfen nur anonymisiert verwendet werden, sodass keinerlei Personenbezug hergestellt werden kann.

Der zweite notwendige Schritt im Verständnis der Resilienz eines Landes ist, dass man spezifizieren muss, welchen Schock man eigentlich betrachten möchte. Besteht der Schock aus einem Naturereignis, wie einem Erdbeben oder einer Überflutung, oder aus sozialen Unruhen, Aufständen, Krieg, oder der Klimakatastrophe? Sobald der Typ des Schocks festgelegt ist, kann man die *digitale Kopie* des Landes im Computermodell virtuell schocken und sehen, was passiert.

Man kann zum Beispiel die *digitale Kopie* der Volkswirtschaft Österreichs nehmen und es virtuell regnen lassen. So lange, bis der Bodensee, die Donau, der Inn und die anderen Gewässer über die Ufer treten. Das führt zur virtuellen Zerstörung von Häusern, Firmen und öffentlichen Einrichtungen, wie zum Beispiel Bahntrassen oder Autobahnzufahrten. Dann können wir uns ansehen, was mit dem Land passiert, wenn es überflutet ist. Wie viel Zerstörung stattfindet, können wir im Modell simulieren.

Wir haben in diesem virtuellen Experiment herausgefunden, dass in dem Fall, bei dem etwa ein Prozent der Infrastruktur in Österreich zerstört wird, relativ wenig passiert. Das Zerstörte wird repariert, indem auf bestehende Finanzreserven, Arbeitsreserven, und Produktionsreserven zurückgegriffen wird. Das Land »repariert« den Schaden relativ problemlos. Haushalte kaufen Pumpen und Farbe im Baumarkt, um den Keller auszupumpen und zu sanieren. Dazu nehmen sie zuerst die staatliche Katastrophenhilfe und dann einen Bankkredit auf, sofern sie einen bekommen. Der Baumarkt bestellt mehr Pumpen und Farbe, sodass die Produktion dieser Güter angekurbelt wird. Die Flut-Katastrophe führt also zu einer zeitweiligen Zunahme der wirtschaftlichen Aktivität und hat mittelfristig sogar eine positive Auswirkung auf das Wirtschaftswachstum des Landes.

Wenn der Flut-Schaden aber auf zehn Prozent ansteigt, wird es schwieriger, und die Wirtschaft kann sich kaum mehr selbstständig reparieren. Hilfe von außen wird notwendig. Dieser Schock ist zu groß und kann vom System nur noch teilweise verkraftet werden – das System überschreitet durch den Schock den *Resilienz-Punkt*.

Wir konnten in dem Experiment zeigen, dass dieser Punkt in unserem Modell für Flutkatastrophen etwa bei fünf Prozent liegt[13]. Das heißt, eine Zerstörung von etwa fünf Prozent der Häuser, Firmen und öffentlichen Infrastruktur kann noch gut selbst repariert werden.

Die Forschung ist hier erst in den Anfängen, aber die Vision geht schon viel weiter. Statt es regnen zu lassen, können wir die *digitale Kopie* auch ganz anders »schocken«. Zum Beispiel könnten wir fragen, was passiert, wenn Menschen plötzlich viel weniger Autos kaufen würden. Etwa um zwanzig Prozent weniger. Was passiert dann in Deutschland und, von Deutschland ausgehend, in Europa? Wir können in Zukunft mit weitaus besseren *digitalen Kopien*, als wir sie heute haben, herausfinden, wie viele Zulieferfirmen pleitegehen würden, wie viele Arbeitsplätze betroffen wären, wie viele Haushalte weniger oder gar kein Einkommen mehr hätten, wie viele Hotels, Restaurants, Blumenläden und Taxiunternehmen weniger verdienen, welche Ausfälle von Steuereinnahmen das für den Staatsapparat bedeuten würde, welche Folgen diese Einnahmenausfälle für den Staat hätten und welche steuerlichen und sozialgesetzlichen Regelungen schon im Vorfeld dieses Absatzeinbruches nötig wären, um das System trotzdem in einem vernünftigen Gleichgewicht fern von den *Tipping Points* zu halten, sodass es trotz Krise nicht kippen kann.

Wir könnten die *digitale Kopie* auch »schocken«, indem wir etwa eine $CO_2$-Umweltsteuer virtuell einführen, um zu sehen, wie sich diese auf die Einkommen aller Bürgerinnen und Bürger eines Staates auswirkt. Nicht nur, um zu sehen, wie Firmen darauf reagieren, sondern auch, wie sich die Einkommen von alleinerziehenden Müttern, Krankenpflegerinnen und Aktienbesitzerinnen dadurch ändern.

Man könnte letztlich die Art und Weise ändern, wie heute Politik gemacht wird. Bevor ein Gesetz im Parlament vorgeschlagen und beschlossen wird, probiert man es in der *digitalen Kopie* aus und beobachtet, welche erwarteten und unerwarteten Folgen es für die verschiedenen Akteure eines Landes hat. Die *digitale Kopie* würde eine phantastische Grundlage für eine wahrhaft evidenzbasierte Politik schaffen. Soweit die Vision.

Die *digitale Kopie* kann auch dazu verwendet werden, um Frühwarnsysteme zu entwickeln. Zum Beispiel versuchen wir am *Complexity Science Hub Vienna* nachzuvollziehen, welche Zulieferketten im Krisenfall aufgrund von Ausfällen von gewissen Firmen bedroht sind. Man kann so im Vorhinein versuchen, die sonst oft unsichtbaren Schwachstellen zu identifizieren, um sie dann zu verbessern, lange bevor es zu einer Krise kommt.

- Kollaps eines komplexen Systems heißt drastische Umgestaltung seiner Netzwerke.
- Die Voraussetzung, um Kollaps zu verstehen, ist zu wissen, wie Bauteile eines Systems zusammenhängen und sich beeinflussen.
- Datenbanken enthalten Informationen über Netzwerke.
- Resilienz ist eine Eigenschaft der Netzwerke.
- *Netzwerke von Netzwerken* sind oft instabiler als einzelne Netzwerke.

# KAPITEL 4: **DIE ZERBRECHLICHKEIT DES FINANZSYSTEMS**

*Auch das Finanzsystem ist komplex und damit vor einem Kollaps nicht gefeit. Gleichzeitig ist es eine Säule unserer globalisierten Gesellschaft. Sein Kollaps kann deshalb riesige Folgen über Jahrzehnte hinweg für uns alle haben. Während Ökonomen bisher mit ihren Annahmen und Prognosen oft noch im Dunklen tappten, können wir heute mit Hilfe von Daten und Algorithmen erstmals das Kollapsrisiko beziffern, die gefährlichsten Akteure identifizieren und das Finanzsystem sicherer machen, viel sicherer. Noch können wir die Finanz- und Wirtschaftskrisen nicht in die Vergangenheit verbannen. Dafür ist noch eine Bewusstseinsbildung notwendig: Mit der Wissenschaft der Komplexen Systemen wird die Ökonomie von einer Geisteswissenschaft zu einer datenbasierten Wissenschaft von Netzwerken.*

Viele Menschen, vor allem in Kontinentaleuropa, stehen dem Finanzsystem kritisch gegenüber und glauben, es sei vor allem dafür da, Reiche reicher und Arme ärmer zu machen. Diesen schlechten Ruf hat es nicht verdient. Das Finanzsystem ist eine der zentralen Lebensadern unserer Gesellschaft. Kaum ein junger Mensch würde ein Auto, eine Wohnung oder ein Haus besitzen, wenn es das Finanzsystem in seiner heutigen Form nicht gäbe. Viele Menschen könnten keine Ausbildung machen, würde ihnen nicht jemand heute etwas vorschießen, das sie später zurückzahlen können.

Das Finanzsystem ist eine der Institutionen, die für unsere Gesellschaft grundlegend notwendig sind, genauso wie das Gesundheitssystem, das Rechtssystem, das Pensionssystem und das Bildungssystem. Es hat viel mit Vertrauen zu tun: Menschen, die Kapital besitzen, stellen dieses anderen zeitweilig zur Verfügung, die es gerade benötigen, um Ideen und Projekte zu verwirklichen. Es erlaubt uns, Dinge jetzt zu realisieren und nicht erst ein Leben lang sparen zu müssen, bevor wir uns zum Beispiel eine Wohnung leisten können. Akteure im Finanzsystem vertrauen darauf, dass Vorgeschossenes auch zurückbezahlt wird.

Die Tatsache, dass diese Vertrauensbildung im Finanzsystem derzeit auf einer weltweiten Basis funktioniert, ist eine großartige Kulturleistung, derer wir uns oft gar nicht bewusst sind. Demokratien und offene Gesellschaften basieren auf Vertrauen. Wie wertvoll es ist, wird uns erst bewusst, wenn Vertrauen plötzlich in großem Stil verschwindet, und wenn zum Beispiel als Folge davon keine Kredite mehr vergeben werden und Verliehenes zurückgefordert wird. Eine Finanzkrise ist eine Konsequenz von spontanem Vertrauensverlust.

Wenn das Finanzsystem etwas tut, was wir als Gesellschaft nicht wollen, wenn es zum Beispiel dazu beiträgt, dass Reiche reicher und Arme ärmer werden, dann liegt das nicht daran, dass das Finanzsystem an und für sich etwas Schlechtes ist. Es liegt vielmehr daran, dass wir nicht anders festgelegt haben, wie die Umverteilung des Wohlstandes aussehen soll. Es ist aber nicht die Aufgabe des Finanzsystems, dies zu tun, sondern die der Gesellschaft und des Staates. Genauso wenig ist es die Aufgabe des Finanzsystems, Wohlstand zu schaffen, oder Chancengleichheit für alle durchzusetzen. Seine Aufgabe besteht schlicht darin, Kapital für Projekte an diejenigen zu leiten, die sie umsetzen wollen und können und die es auch zurückbezahlen können.

Das Finanzsystem ist nicht gottgegeben, sondern Ausruck unseres gesellschaftlichen Willens. Es ist ein komplexes System, das aus einer Vielzahl von Akteuren besteht. Es schließt fast alle Menschen der Gesellschaft auf die eine oder andere Weise mit ein, entweder als Sparer, Investoren oder als Kreditnehmer. Es ist ein Netzwerk von unzähligen Kontrakten, Krediten, Versicherungen, Versprechen, Vereinbarungen, Derivaten, und so weiter, welches die Akteure untereinander verbindet, beeinflusst und verändert. Und wie jedes komplexe System ist es nicht unzerbrechlich. Wie wir aus den Finanzkrisen der Vergangenheit wissen, kann es kollabieren, mit massiven Auswirkungen für alle.

Seit einigen Jahren lässt sich die Stabilität von wichtigen Teilen des Finanzsystems mit Hilfe der Wissenschaft komplexer Systeme berechnen. Ein zentrales Ergebnis dieser Rechnungen ist, dass das Finanzsystem seit der jüngsten Finanzkrise nicht unbedingt sicherer geworden ist, trotz großer Anstrengungen auf vielen Seiten in diese Richtung. Das systemische Risiko des Finanzsystems, im Speziellen das Kollaps-Risiko des sogenannten Interbankenmarktes, ist in manchen Ländern heute sogar deutlich höher als vor der letzten Finanzkrise[14].

Um besser zu verstehen, was das Kollaps-Risiko im Finanzsystem bedeutet, muss man zwischen drei Arten von Risiken unterscheiden, die es in der Finanzwelt gibt.

Der erste Risikotyp ist das *unternehmerische Risiko*. Es besteht darin, dass eine Geschäftsidee entgegen den Erwartungen aller Beteiligten floppt. Zum Beispiel entwickelt jemand, sagen wir ein talentiertes Kind, eine App für Hundebesitzer, doch die unterscheidet sich zu wenig von den vielen Apps, die für diese Zielgruppe bereits am Markt sind. Niemand lädt die neue App herunter, die App floppt, kein Geld wird verdient. Was bleibt, ist der Verlust, der durch die Entwicklungskosten angefallen ist.

In diesem Fall tragen vielleicht die Eltern oder die Großeltern dieses »Finanz-Risiko«. Wenn es sich um größere Projekte handelt, sind es im Normalfall Banken und Investoren, die die Kosten für Planung, Entwicklung, Verwirklichung, Produktion, Vertrieb und Verkauf vorstrecken, und die damit das Risiko eines möglichen Flops tragen. Wenn die Geschäftsidee schiefgeht, ist ihr investiertes Geld weg. Das ist ärgerlich, doch für das Finanzsystem spielt dieses *unternehmerische Risiko* meist keine unmittelbare Rolle. Als Investor weiß man, dass sehr viele Ideen floppen und rechnet einen gewissen Verlust mit ein. Das investierte Geld ist eben Risikokapital. Der Verlust wird dadurch kompensiert, dass manchmal eine Idee nicht floppt, zu einem durchschlagenden Erfolg wird und riesige Gewinne abwirft, die alle bisher eingefahrenen Verluste wettmachen. Im Normalfall kann man am Finanzmarkt mit diesen *unternehmerischen Risiken* gut umgehen.

Der zweite Typ von Risiko ist das *Kreditausfallsrisiko.* Sobald jemand einem anderen etwas leiht, trägt die oder der Verleihende das Risiko, dass der oder die andere es nicht zurückgibt. Im Finanzsystem tragen dieses Risiko zum Beispiel Banken, wenn sie sich gegenseitig oder den Bank-Kunden Kredite vergeben. Aber auch all diejenigen tragen ein Kreditausfallsrisiko, die Banken ihr Geld zum Beispiel in Form einer Sparbucheinlage leihen. Wenn eine Bank ausfällt und sie ihre Schulden nicht zurückbezahlen kann, ist in diesem Fall das geborgte beziehungsweise das gesparte Geld weg – sofern nicht der Staat einspringt.

Um dieses Risiko in den Griff zu bekommen, gibt es ein internationales Banken-Regulierungssystem, das sogenannte Basel-System, das vorsieht, dass Banken für den Fall eines Zahlungsausfalls Kapitalreserven bilden müssen. Fällt eine Zahlung aus, lässt sich der Schaden aus diesen Reserven abfedern.

Die dritte Art von Risiko, das sogenannte *systemische Risiko,* ist von ganz anderer Art. Es ist das Risiko, dass ein System als Ganzes kollabiert. Es beruht darauf, dass der Ausfall eines einzelnen Akteurs im Finanzsystem, zum Beispiel einer Bank, eine Kettenreaktion von Ausfällen auslösen kann. In der Folge fallen weitere Akteure aus, und meist stehen sehr schnell große Teile des Systems still, sodass es seine Aufgaben nicht mehr erfüllen kann. Im Finanzsystem heißt dieser Stillstand zum Beispiel, dass keine Kredite mehr vergeben werden.

*Systemisches Risiko* im Finanzsystem bedeutet, dass sich selbst ein kleiner Schock entlang der vielen Verbindungen im Finanznetzwerk ausbreiten und bis in die letzte Verästelung unerwünschte oder sogar katastrophale Folgen haben kann. Es bedeutet, dass das Finanzsystem aus einem scheinbar nichtigen, unscheinbaren Anlass quasi über Nacht zerbrechen kann.

Da das Finanzsystem eine zentrale Lebensader unserer Gesellschaft darstellt, sollten wir uns mit seinem systemischen Kollaps-Risiko mit allen zur Verfügung stehenden Mitteln auseinandersetzen. Interessanterweise findet das nicht in dem Ausmaß statt, das man sich im 21. Jahrhundert erwarten würde.

Längst existieren die Daten und die technischen Möglichkeiten, das Finanzsystem in digitalen Modellen abzubilden, zu simulieren, zu analysieren, und seine Schwachstellen systematisch zu identifizieren, um daraus die richtigen Maßnahmen zu seiner Verbesserung und gezielten Stabilisierung abzuleiten. Dass das so noch nicht geschieht, ist schwer nachvollziehbar.

Nach wie vor verwendet man traditionelle Maß- und Kennzahlen sowie Wirtschaftsmodelle, die in der Vergangenheit nachweislich und wiederholt schlecht funktioniert haben, ohne entsprechende empirische Grundlagen und vor allem, ohne die Daten zeitgemäß zu verwenden. Scheinbar will man die Zerbrechlichkeit nicht sehen und man verdrängt das Problem, auch wenn es noch so groß und vielleicht sogar offensichtlich ist.

## WAS PASSIERT, WENN DAS FINANZSYSTEM ZERBRICHT?

Finanzkrisen verlaufen manchmal ohne größere Auswirkungen auf die Realwirtschaft. In diesen Fällen geht es auf Märkten kurzfristig abwärts und früher oder später wieder aufwärts, und am Ende war nicht viel. Doch Finanzkrisen können sehr wohl auch die Realwirtschaft erreichen und sie nachhaltig und dauerhaft schwächen – auch in viel stärkerem Ausmaß, als es bei der letzten Krise der Fall war.

Eine Spirale des Vertrauensverlusts setzt sich in Gang, die fatal sein kann. Kredite werden nicht mehr vergeben. Manche Betriebe können daraufhin ihre Zulieferer nicht mehr bezahlen. Diese liefern nicht mehr, weil sie nicht mehr darauf vertrauen, dass später alles bezahlt werden wird. In Folge können die Betriebe selbst nicht mehr produzieren. Auch sie fallen als Zulieferer für andere Firmen aus – Lieferketten brechen zusammen. Sobald die Lager aufgebraucht sind, produzieren auch große Konzerne nicht mehr – tausende Firmen gehen als Konsequenz davon pleite. Millionen werden arbeitslos. Weitere Kredite fallen massenhaft aus. Banken kollabieren. Menschen heben ihr Geld ab, wodurch noch weniger Kredite vergeben werden können. Investoren investieren nicht mehr. Sie glauben nicht mehr, dass sie ihre Investitionen, ihr vorgeschossenes Kapital, zurückbekommen werden. Diejenigen, die noch Jobs haben, gehen nicht mehr hin, weil sie nicht mehr darauf vertrauen können, bezahlt zu werden. Sie räumen den Müll nicht mehr weg, reparieren die Wasserhähne nicht mehr und fahren keine LKWs mehr.

Mit stark reduzierten Steuereinnahmen bei gleichzeitig explodierenden Sozialausgaben für die vielen neuen Arbeitslosen kommen Regierungen unter Druck und müssen sich Geld borgen. Von wem? Vom Finanzmarkt. Der hat aber ebenso sein Vertrauen in die Staaten verloren und steht daher nicht mehr als Option zur Verfügung.

Die Spirale dreht sich weiter. Beamte können nun nicht mehr darauf vertrauen, bezahlt zu werden. Also gehen auch PolizistInnen, ÄrztInnen und LehrerInnen nicht mehr ihren Tätigkeiten nach. Öffentliche Sicherheit, das Gesundheitssystem und das Bildungssystem beginnen zu zerbrechen.

Unrealistische Fantasien? In der Geschichte gibt es zahlreiche Beispiele dafür, was passiert, wenn Arbeitslosenzahlen nachhaltig steigen. Menschen beginnen, sich zu radikalisieren. Die Stunde der Diktatoren schlägt. Demokratie kommt mehr und mehr unter Druck, ebenso die Zivilgesellschaft.

Die Kosten und Risiken eines unkontrollierten Finanz-Crashes sind so gewaltig und seine Folgen so unabsehbar, dass in den meisten Fällen, in denen eine Bank in Schwierigkeiten kommt, diese unmittelbar von der Politik gerettet wird – meist mit Steuergeldern.

Die Wissenschaft komplexer Systeme, und insbesondere der relativ junge Zweig der sogenannten *Complexity Economics*, hat in den vergangenen Jahren eine Menge über die Kollaps-Risiken des Finanzsystems herausgefunden. Sie hat Möglichkeiten entdeckt, wie sich dieses Risiko begrenzen und zum Teil sogar drastisch reduzieren lässt. Das heißt, man könnte das Finanzsystem nicht nur so gestalten, dass es unseren gesellschaftlichen Werten entspricht, man könnte es auch so designen, dass es unserem Bedürfnis nach Sicherheit gerecht wird. Man könnte es weitaus stabiler und resilienter machen, als es derzeit ist.

Würden diese Möglichkeiten genutzt, müssten wir nicht mehr mit der Bedrohung leben, dass eine der wichtigsten Lebensadern unserer Gesellschaft von einem Tag zum anderen platzen könnte. Mit anderen Worten: Mit Hilfe von Big Data und dem Verständnis dynamischer Netzwerke, also der Wissenschaft komplexer Systeme, bekommen wir die Möglichkeit in die Hand, ein Finanzsystem mit minimalem systemischen Risiko zu schaffen.

Mit dem Verständnis des Finanzsystems als komplexes, dynamisches Netzwerk-System wird dessen Stabilisierung zu einem technischen Problem – mit technischen Lösungen. Die Situation ist damit vergleichbar, dass es uns nach einigen Jahrzehnten intensiver Anstrengung gelungen ist, Flugzeuge so zu bauen, dass sie fast niemals mehr abstürzen.

## SCHLÜSSELROLLE NETZWERK

Wie wir in Kapitel zwei besprochen haben, ist eine der wichtigen Erkenntnisse der Komplexitätsforschung, dass sich die Eigenschaften von Systemen, und natürlich auch die des Finanzsystems, mit ihren zugrundeliegenden Netzwerkstrukturen verändern. Da sich das Finanzsystem laufend verändert, passen sich dabei auch seine Netzwerkstrukturen kontinuierlich an. Netzwerkstrukturen lassen sich in Datenbanken mit Algorithmen analysieren und geben so Aufschluss auf die systemischen Eigenschaften des Finanzsystems.

Eine Netzwerkstruktur ist etwa die »Dichte« des Netzwerkes, also die durchschnittliche Anzahl von Links pro Knoten, zum Beispiel die Anzahl der Kredite pro Bank. Eine hohe Dichte des Kredit-Netzwerks hat Vor- und Nachteile. Die Vorteile sind offensichtlich. Wer vor fünfzig Jahren in einem Dorf wohnte und einen Kredit brauchte, war auf die örtliche Bank angewiesen. Er hatte praktisch nur diese eine Möglichkeit, einen Kredit zu bekommen, und er war gut beraten, dem Bankdirektor seine Kreditwürdigkeit zu signalisieren. Heute können wir Kredite online vergleichen und zum Beispiel mit einer finnischen Bank ins Geschäft kommen, wenn deren Angebot besonders günstig erscheint. Wir können Kredite in vielen Ländern, in vielen Währungen und bei vielen Online-Anbietern abschließen. Sie sind verfügbar geworden, fast wie Flugreisen, Handyverträge oder Haushaltsversicherungen. Diese Vielfalt führt zu Vergleichbarkeit, Transparenz und letztlich zu Effizienz, was wiederum die Kosten für Kredite niedrig hält.

Ein Vorteil besteht auch für diejenigen, die Kredite vergeben. Vergibt Bank A einen großen Kredit an Bank B, hat A das *Kreditausfallsrisiko*, dass B nicht zurückzahlt. Wenn Bank A zehn kleine Kredite an zehn Banken vergibt, wird im Normalfall das Risiko für einen Totalausfall kleiner, weil es unwahrscheinlich ist, dass alle zehn Banken gleichzeitig ausfallen. Man»diversifiziert«also das Risiko durch mehrere Kontrakte – also durch mehrere Links im Netzwerk.

Die Nachteile einer hohen Dichte im Finanznetzwerk sind fast ebenso offensichtlich. Dichte Finanzsysteme sind oft auch anfälliger. Ihr Kollaps-Risiko steigt. Das ist verständlich, wenn wir zum Beispiel annehmen, dass Bank A bei Bank B einen Kredit aufnimmt und diesen später nicht zurückbezahlen kann. Dann ist Bank B direkt davon betroffen, muss den Kredit abschreiben und kommt damit vielleicht selbst in Zahlungsschwierigkeiten.

Wenn Bank A aber bei zehn anderen Banken Kredite aufnimmt, und diese nicht zurückzahlen kann, dann sind alle zehn Banken betroffen und kommen, im schlechtesten Fall, dadurch alle in Schwierigkeiten. Ein dichteres Netzwerk kann also nicht nur die Kreditausfallsrisiken für den Verleiher verringern, sondern auch das systemische Risiko erhöhen. Was dann im konkreten Fall eintritt, hängt von den Details des Kredit-Netzwerks ab.

Es geht bei der Frage der Sicherheit aber nicht nur um die Dichte des Finanznetzwerkes, sondern auch um andere Muster, wie die Akteure miteinander verbunden sind, also um andere Netzwerkstrukturen. Diese können darin bestehen, in wie viele Dreiecke eine Bank im Kredit-Netzwerk eingebunden ist, oder zu welchen Clustern sie gehört. In der Netzwerktheorie unterscheidet man dutzende dieser Netzwerkstrukturen, die in den entsprechenden Datensätzen von Algorithmen erkannt werden.

In einer Reihe von Forschungsarbeiten haben wir uns den Zusammenhang zwischen diesen Netzwerkstrukturen und der Anfälligkeit von Finanzsystemen genauer angesehen. Zum einen zu Forschungszwecken, um die Natur der Instabilitäten in Finanzsystemen aufzuklären, zum anderen, um die Ergebnisse auch gleich direkt anzuwenden. Mit Kollegen der mexikanischen Zentralbank haben wir versucht, die systemischen Schwachstellen im mexikanischen Finanzsystem zu identifizieren und den Schaden eines Finanz-Crashes im Voraus zu berechnen.

Wir wollten wissen, welcher Schaden entsteht, wenn eine der Banken des Landes, etwa durch einen Konkurs, ausfällt. Die zentralen Fragen hierbei waren: Unter welchen Umständen kann es bei einem solchen Ausfall zu den erwähnten lawinenartigen Kettenreaktionen kommen, die das gesamte System lahmlegen? Bei welchen Banken entstehen keine Kettenreaktionen? Welche Akteure sind also systemisch sicher? Wie beeinflusst der Kollaps einer Bank die Bilanzen der anderen Banken? Wie hoch ist der Gesamtschaden, der am Schluss, typischerweise von den Steuerzahlern, bezahlt werden muss?

Bei der Beantwortung dieser Fragen fanden wir – wenig überraschend – heraus, dass Mexiko Probleme bekommen würde, wenn eine der großen Banken im Land zusammenbrechen würde. Viel bemerkenswerter war die Beobachtung, dass wir auch kleine und auf den ersten Blick unscheinbare Banken identifizieren konnten, deren Zusammenbruch das gesamte Finanzsystem in Turbulenzen versetzt hätte. Wir konnten nachweisen, dass die Gefährlichkeit einer bestimmten Bank für das Finanzsystem nicht unbedingt von ihrer Größe abhängt, sondern zu einem wesentlichen Teil von ihrer Position im Netzwerk.

Die Gefährlichkeit einer Bank für das System hängt also gar nicht so sehr von ihrem Transaktionsvolumen oder von ihrer Bilanzsumme ab, sondern vor allem davon, wie und durch welche Kontrakte sie mit welchen anderen Banken im Netzwerk verbunden ist. Natürlich hat es immer große Auswirkungen, wenn große Banken ausfallen. Aber auch der Ausfall von kleinen Banken kann fatal sein. Das Neue ist, dass wir dieses Risiko jetzt sichtbar machen können.

## HERDENEFFEKTE

Im Zuge einer Analyse der amerikanischen Finanzkrise von 2008 fanden wir heraus, dass sich der Zustand eines gesamten Finanzsystems als Folge winziger zufälliger Ereignisse radikal verändern kann[15]. Das hat damit zu tun, dass es auf Finanzmärkten spezielle Multiplikator- oder Hebeleffekte gibt, die kleinste Ereignisse massiv verstärken.

Ein Beispiel kann dies verdeutlichen: Nehmen wir an, eine Spekulantin hat bei einer Bank einen Kredit aufgenommen, und spekuliert mit diesem Geld auf dem Aktienmarkt. Eine kleine zufällige Preisschwankung des Börsenkurses reduziert den Wert ihres Portfolios und damit auch die Kreditwürdigkeit, das sogenannte »Rating«, dieser Spekulantin, gerade unter einen gewissen Schwellwert. Als Folge dieser Herabstufung der Kreditwürdigkeit fordert die

Bank ihren Kredit zurück. Um diesen zurückzahlen zu können, muss die Spekulantin nun Aktien aus ihrem Portfolio verkaufen, was den Preis der Aktie weiter leicht nach unten drückt – natürlich nur, wenn die Zahl der verkauften Aktien groß genug ist.

Dieser weitere Preisverfall reduziert nun die Kreditwürdigkeit anderer Kreditnehmer, sie fallen nun alle unter die Rating-Schwelle, und müssen daher alle ihre Kredite vorzeitig zurückzahlen, weshalb sie nun alle gezwungen sind, ihre Aktien zu verkaufen. Der Preis fällt weiter und schneller. Eine Spirale beginnt sich zu drehen, obwohl es niemand will und alle bei vollem Verstand sind.

Der Rating-Mechanismus selbst, der eigentlich ein Schutz-Mechanismus sein sollte, bringt das System ins Wanken. In dieser Form ist der Schutz-Mechanismus schlecht designt und sollte verbessert werden, weil er zu sogenannten Herdeneffekten führt. Um das System sicherer zu machen, müsste die Kettenreaktion der Abwärtsspirale, die unweigerlich ausgelöst wird, unterbrochen werden. Das erinnert wieder an ein technisches Problem, das einer technischen Lösung bedarf.

## FINANZ-DATEN

Der Umgang mit komplexen Phänomenen im Finanzmarkt bedarf enormer Mengen von Daten und Rechenkapazität. Welche Daten über das Finanzsystem vorliegen, und von welcher Qualität diese sind, ist von Land zu Land unterschiedlich. Das hängt von den jeweiligen nationalen Meldepflichten ab, denen Banken und andere Akteure bei ihren Transaktionen unterliegen.

In vielen Ländern Kontinentaleuropas melden Banken zum Beispiel ihre Kredit-Daten. So melden deutsche Banken Kredite ab einer bestimmten Höhe an die *Deutsche Bundesbank*, die Zentralbank Deutschlands. In Österreich gibt es die sogenannte Großkreditevidenz, die ähnlich funktioniert. Die spanische Zentralbank verfügt über Daten zu allen Krediten über 6.000 Euro. Es gibt auch Staaten, die nicht nur Zugriff auf die Daten aller Kredite haben, sondern überhaupt alle Transaktionen kennen.

Mexiko gehört zu den Ländern, in denen Finanzdaten in besonders hoher Qualität vorliegen. Sie werden seit der letzten Peso-Krise in den 1990er-Jahren flächendeckend erhoben. Deshalb konnten wir für Mexiko ein sehr detailliertes und realistisches digitales Modell des Finanznetzwerks nachbauen.

Dabei stellten wir unter anderem auch fest, dass das Kredit-Netzwerk zwischen den Banken systemisch weitaus sicherer ist als etwa europäische Finanzsysteme. Das liegt unter anderem daran, dass es in Mexiko relativ wenige lokale Player gibt. Im Wesentlichen bestimmen einige amerikanische Großbanken das dortige Finanzsystem. Wenn diese Kapital brauchen, holen sie es sich auf relativ einfachem Weg von ihrer jeweiligen amerikanischen Mutter-Bank. Sie sind also nicht auf lokale Kredit-Netzwerke angewiesen und entwickeln deshalb auch deutlich weniger dichte Netzwerkstrukturen. In weniger dichten Netz-

werken können sich, stark vereinfacht gesprochen, Kettenreaktionen weniger leicht ausbilden, und das systemische
Risiko ist geringer.

Wir konnten nachweisen, wie spezielle Netzwerkstrukturen, wie zum Beispiel die Netzwerkdichte und die Anfälligkeit eines Finanzsystems miteinander zusammenhängen. Das bedeutet, dass man bei den Bemühungen, das
Finanzsystem effektiv zu schützen, zuerst einmal dessen
Netzwerkstrukturen im Blick behalten sollte. Interessanterweise passiert das aber kaum – Netzwerkanalysen stellen nach wie vor eher eine Ausnahme in der finanzwirt-
schaftlichen Fachliteratur dar.

Dabei spielen Netzwerke in der Wirtschaft insgesamt
eine alles überragende Rolle. Praktisch alles passiert auf
Netzwerken. Von der Erfindung eines Produkts, über die Fi-
nanzierung des Prototyps, dessen Produktion, den Transport und Verkauf, bis zum Recycling – alles findet in oder
auf Netzwerken statt.

In der traditionellen Ökonomie, der Wissenschaft der
Wirtschaft, spielen Netzwerke verblüffenderweise bis heute praktisch kaum eine Rolle. Sie wurden in den vergangenen 200 Jahren systematisch übersehen. Erst in den letzten
15 Jahren tauchen Netzwerke langsam in der Fachliteratur
auf.

Entsprechend spielt in der traditionellen Ökonomie das
systemische Risiko nach wie vor eine eher untergeordnete
Rolle. Das entsprechende wissenschaftliche Feld, das Netzwerken die ihnen zukommende zentrale Rolle in der Ökonomie zuweist, und heute manchmal als *Complexity Econo-*

*mics* bezeichnet wird, wurde dementsprechend auch nicht von Ökonomen etabliert. Entwickelt wurde es seit etwa Anfang der 2000er-Jahre fast ausschließlich von Physikern.

## TRADITIONELLER SCHUTZ DES SYSTEMS

Bei der Bewertung des Kollaps-Risikos eines Finanzsystems geht die traditionelle Ökonomie nicht von Netzwerkstrukturen aus, sondern stellt das *Kreditausfallsrisiko* einzelner Banken in den Mittelpunkt. Es geht dabei darum, eine Bank für den Fall, dass sie einen Finanz-Schock erlebt, so vorzubereiten, dass sie dadurch nicht ausfällt. Die einfachste Möglichkeit, das zu tun, kennen wir bereits von der Zahl der Intensivbetten in Krankenhäusern und von der Krisenfestigkeit von Unternehmen. Es geht um Puffer.

Banken besitzen Finanz-Puffer in Form von Kapitalrücklagen, damit sie nicht sofort in Bedrängnis geraten, sobald andere ihre Schulden bei ihnen nicht begleichen können. Wie groß diese Finanz-Puffer sind, können sie anders als BäckerInnen, Hoteliers oder BierbrauerInnen nicht selbst bestimmen. Eine Bäckerin kann sagen: Ich verwende meine Rücklagen für einen neuen Ofen, zwei neue Filialen und vier neue Lieferwagen. So optimiere ich meinen Gewinn. Eine Bank kann das nicht. Sie kann nicht alle ihre Rücklagen für Kredite, Investitionen oder Währungsgeschäfte verwenden, um die Bankgewinne zu maximieren. Die Höhe ihrer Rücklagen, ihre Puffer, werden bestimmt durch internationale Spielregeln.

Banken schätzen es natürlich nicht besonders, wenn ihnen Regeln hohe Rücklagen vorschreiben. Sie können dann über das zurückgelegte Geld nicht mehr frei verfügen, sie können es nicht »arbeiten« lassen. Sie müssen es für Notfälle im Safe liegen lassen. So weit, so logisch.

Was sind nun die aktuellen Regeln? Bereits 1988 erkannte die *Bank für Internationalen Zahlungsausgleich*, dass im Finanzsystem *systemisches Risiko* existiert, das reguliert werden muss. Die *Bank für Internationalen Zahlungsausgleich* ist nicht irgendeine Bank. Sie ist eine internationale Organisation des Finanzwesens, zu deren Mitgliedern ausschließlich Zentralbanken oder vergleichbare Institutionen zählen. Derzeit hat sie sechzig Mitglieder, darunter auch das amerikanische *Federal Reserve System*, die *Chinesische Volksbank*, die *Bank of Japan*, die *Deutsche Bundesbank* sowie die Zentralbanken praktisch aller bedeutenden Volkswirtschaften.

Im Jahr 1988 war das Eigenkapital der weltweit wichtigsten Banken auf ein besonders niedriges Niveau gesunken, weshalb die *Bank für Internationalen Zahlungsausgleich* einen in Basel ansässigen Ausschuss damit beauftragte, die Finanz-Risiken zu begrenzen, um damit Finanzkrisen möglichst zu vermeiden. Die erste Regelung für die notwendigen Kapitalrücklagen, also für den Puffer, folgte unter dem Namen *Basel I*, gefolgt von *Basel II* und, nach der letzten Finanzkrise, von *Basel III*.

*Basel I* war ein einfaches und klares Konzept. Die Regelung findet auf wenigen Seiten Platz und legt fest, wie viel Prozent der Summe, mit der eine Bank »arbeitet« – die sie also zum Beispiel als Kredite vergibt oder mit der sie Wertpapier- oder Währungsgeschäfte macht – sie als Eigenkapital zurücklegen muss.

*Basel II* war schon weitaus komplizierter. Darin befanden sich unterschiedliche Regelungen für unterschiedliche Anlageklassen, also für Kredite, Wertpapier- oder Währungsgeschäfte. Der Kauf von Staatsanleihen zum Beispiel erforderte weniger Eigenkapital als die Vergabe riskanter Kredite.

Die Wirtschaftsgeschichte zeigt, dass *Basel II* den größten amerikanischen Konkursfall aller Zeiten, die Pleite der Investmentbank *Lehman Brothers* am 15. September 2008 und vor allem deren systemische Folgen nicht vermeiden konnte. Zu diesem Zeitpunkt war die Basel-Regulierung bereits seit zwanzig Jahren in Kraft.

Diese Pleite führte dazu, dass zahllose mit *Lehman Brothers* verbundene Banken und Finanzinstitutionen trotz der vorgehaltenen Puffer wie Dominosteine umfielen, Bankrott machten, zusperrten und zum Teil mit Staatsgeldern gerettet werden mussten. Das löste in vielen Industriestaaten Rezessionen aus und war auch teilweise mitverantwortlich für den Verlauf der darauffolgenden Eurokrise, die auch zehn Jahre nach ihrem Beginn noch spürbar ist.

*Basel III* war dann noch einmal weitaus detaillierter und komplizierter, mit vielen Ausnahmen sowie Ausnahmen von diesen Ausnahmen. Die Berechnung des Eigenkapitals, das eine Bank für ein bestimmtes Geschäft hinterlegen muss, war nun schon beindruckend aufwändig und kompliziert.

Der Basel-Ausschuss, der diese Regeln erstellt, warb vor jeder neuen Regelung damit, dass auf diese Weise das Kollaps-Risiko der Banken sinken würde, und das Finanzsystem damit insgesamt sicherer werden würde. Ein Versprechen, das bei genauerer Betrachtung allerdings nicht notwendigerweise hält. Es kann sogar der Fall eintreten, dass mehr Regulierung zu größerer Instabilität führt.

Unseren Berechnungen zufolge reduziert die *Basel III*-Regulierung systemisches Kollaps-Risiko praktisch nicht. Und das aus einem einfachen Grund: Diese Regulierung reduziert zwar durch die vorgeschriebenen Puffer die Wahrscheinlichkeit, dass einzelne Banken ausfallen, schützt aber nicht vor den Kettenreaktionen, wenn es doch passiert. Die Relevanz der Netzwerke wurde also nicht berücksichtigt.

Mit meinem Kollegen von der *Mexikanischen Zentralbank*, Serafín Martinez-Jaramillo, und seinem Team haben wir uns die Kosten genauer angesehen, welche die Steuerzahler für die Sanierung des Finanzsystems im Fall der nächsten Finanzkrise zu bezahlen hätten – den sogenannten »*systemischen Verlust*«. Die Ergebnisse sind ernüchternd. Der systemische Verlust kann in Mexiko hunderte Milliarden Dollar pro Jahr ausmachen, also einen signifikanten Anteil an der Gesamtwirtschaftsleistung des Landes.

Unsere Berechnungen für Mexiko ergaben des Weiteren, dass der systemische Verlust nach der jüngsten Finanzkrise etwa vier bis fünf Mal höher war als vor der Krise. Das heißt, wäre es einige Jahre nach der Finanzkrise zu einem Kollaps gekommen, hätte es die Steuerzahler Mexikos trotz *Basel II* und *III* vier bis fünf Mal mehr gekostet, als wenn es bei der gerade überstandenen Finanzkrise zu einem Kollaps gekommen wäre – was Mexiko zum Glück erspart geblieben ist.

Der Versuch des Basel-Ausschusses, das systemische Risiko der Finanzmärkte mit höheren Puffern für die Banken zu regulieren, greift also zu kurz. Unsere Simulationen liefern Hinweise darauf, dass die Idee, Finanzsysteme mit größeren Puffern für die Banken abzusichern, erst dann gut funktionieren würde, wenn die Puffer etwa dreimal so groß wären, wie sie derzeit geplant sind[16]. Solche Puffergrößen wären allerdings vollkommen unrealistisch. Man müsste den Banken sagen: Nehmt Geld vom Markt, und zwar so viel, dass ihr eure derzeitigen Kapitalpuffer auf das Dreifache des jetzigen Volumens aufstocken könnt. Das würde die Welt auf eine Weise verändern, wie wir es als Gesellschaft gewiss nicht wollen. Das Finanzsystem würde damit hochgradig ineffizient werden, viel Kapital, das zur Verwirklichung von Ideen und Projekten vieler verwendet werden könnte, würde als Puffer in Safes brach liegen und könnte nicht genutzt werden. Kredite würden merklich teurer werden und wohl für viele unerschwinglich. Vieles, was jetzt möglich ist, wäre in so einem Szenario dann nicht mehr möglich. BäckerInnen bekämen kaum noch Kredite für neue Öfen, Filialen oder Lieferwagen, Hotels könnten ihre Zimmer nicht mehr modernisieren, und BierbrauerInnen könnten nicht mehr in größere Tanks investieren.

Ein Vorwurf ist der *Bank für Internationalen Zahlungsausgleich* natürlich dennoch nicht zu machen. Denn für komplexe Systeme ist es durchaus typisch, dass man, sobald man beginnt, sie zu kontrollieren, dabei das Gegenteil von dem erreicht, was man erreichen wollte. Im konkreten Fall hat das damit zu tun, dass eine Bank, die größere Puffer anlegen muss, zwangsläufig auch weniger profitabel ist. Es stimmt zwar natürlich weiterhin, dass größere Puffer einzelne Banken widerstandsfähiger machen. Eine unerwartete Konsequenz dessen ist aber, dass Banken, wenn sie weniger Profite machen, »Handlungsspielraum« verlieren und dadurch an Flexibilität, Anpassungsfähigkeit – und letztlich auch Resilienz einbüßen. Reduzierte Resilienz kann dann wieder zu einem erhöhten systemischen Risiko *wegen* der größeren Puffer führen. Was also tun? Wie kann man moderne komplexe Finanzsysteme besser und intelligenter regulieren, um sie sicherer zu machen, ohne sie gleichzeitig zu schädigen?

## SYSTEMISCHES RISIKO

Um diese Frage zu beantworten, müssen wir unseren Blick noch einmal darauf richten, was Finanzsysteme am meisten bedroht. Der Ausfall einzelner Banken, den der Baseler Ausschuss mit seinen Regeln zu verhindern versucht, ist nicht die eigentliche Gefahr. Diese besteht, wie schon erwähnt, vielmehr in den möglichen Kettenreaktionen, dass also eine Bank zahlungsunfähig wird und in Folge eine andere mitreißt, die wiederum zwei weitere, bis es zu einer Kaskade von Bank-Ausfällen mit katastrophalen Folgen kommt.

Interessant für das gesamte Finanzsystem wäre also zu wissen, wie hoch das *systemische Risiko* jeder Bank ist – also das Kettenreaktions- oder Kaskaden-Risiko. Die hierfür entscheidenden Fragen lauten: Wie hoch ist die Wahrscheinlichkeit, dass eine Bank bei ihrem Zusammenbruch andere Banken mitreißt? Wie viele Banken würde sie insgesamt mitreißen? Wie groß wäre der Gesamtschaden eines solchen systemischen Ereignisses?

Was also genau ist *systemisches Risiko*? Stellen Sie sich vor, Sie sind eine Bank und brauchen aus irgendwelchen Gründen eine Million Euro, die Sie von einer anderen Bank leihen müssen. Sie können entweder einen Kredit von Bank A aufnehmen oder von Bank B. Beide haben dieselben Konditionen, zum Beispiel ein Prozent Zinsen pro Jahr. Stellen Sie sich weiter vor, dass Bank A eine zentrale Rolle im Finanznetzwerk spielt, dass sie also selbst Kredite bei vielen anderen Banken aufgenommen hat. Bank B hat im Gegensatz dazu gar keine Verbindungen und Verbindlichkeiten zu anderen Banken.

Wenn Sie den Kredit bei Bank B aufnehmen, und ihn aus irgendeinem Grund nicht zurückzahlen können, dann ist Bank B böse auf Sie und muss den Verlust abschreiben. Wenn Sie aber den Kredit bei A aufgenommen haben und nicht zurückzahlen können, dann kann das bedeuten, dass Bank A ihren eigenen Kredit bei Bank C nicht zurückzahlen kann, und Bank C daraufhin ihren Kredit bei Bank D nicht und so weiter.

Haben Sie die Million bei Bank B ausgeborgt, erzeugt Ihr Ausfall zwar Schaden bei Bank B, aber sonst passiert nichts.

Sie erzeugen durch das Ausborgen der Million kein *systemisches Risiko*. Haben Sie das Geld bei Bank A ausgeborgt, verursacht Ihr Ausfall eventuell eine Kettenreaktion von Zahlungsausfällen, die im schlechtesten Fall das gesamte System betrifft und sich zu einem riesigen Problem auswachsen kann. In diesem Fall haben Sie durch die Transaktion mit Bank A *systemisches Risiko* erzeugt. Wie viel *systemisches Risiko* bei jeder Transaktion entsteht, hängt also nicht nur von der Größe des Kredits ab, sondern von der Position der Akteure im Kredit-Netzwerk. *Systemisches Risiko* ist folglich eine »Netzwerkgröße«, sie wird maßgeblich durch das Netzwerk und dessen Strukturen bestimmt.

Anhand unserer Modelle vom österreichischen und vom mexikanischen Finanzmarkt, bei denen wir auf anonymisierte Daten einzelner Transaktionen zwischen Finanzakteuren zurückgreifen konnten, haben wir gezeigt, dass man die Frage, wie viel *systemisches Risiko* bei einzelnen Transaktionen entsteht, tatsächlich relativ gut beantworten kann. Dazu haben wir zunächst eine Methode etabliert, die jeder Bank eine Zahl zuordnet, die ihr *systemisches Risiko* angibt. Das ist ein Index, der das von einer Bank ausgehende Risiko für das gesamte Finanzsystem beziffert. Im österreichischen Modell können wir diese Zahl jedes Quartal aktualisieren, im mexikanischen sogar Tag für Tag.

Um diesen *systemischen Risiko-Index* zu berechnen, braucht man die genaue Kenntnis *aller* Kredite im Finanzsystem eines Landes oder einer Region. Das sind natürlich sehr viele, doch im Big Data-Zeitalter stellen die entsprechenden Datenvolumina kein technisches Problem mehr dar. Die Daten sind, wie schon erwähnt, in vielen National-banken vorhanden.

Der *systemische Risiko-Index* könnte dazu genutzt werden, um das gesamte *systemische Risiko* eines Landes oder einer Region täglich zu überwachen. Er könnte genutzt werden, um ein Frühwarnsystem für einen Finanz-Kollaps zu etablieren. Sobald eine Zentralbank feststellt, dass das *systemische Risiko* einer Bank ungewöhnlich stark ansteigt, kann sie der Ursache sofort auf den Grund gehen. Sie kann so eine mögliche Schwachstelle im System punktgenau identifizieren und eventuell beheben, lange bevor es zu einer Gefahr kommt.

Von einer standardmäßigen Nutzung der verfügbaren Daten zur Berechnung des *systemischen Risiko-Index* und seiner Verwendung als Frühwarnsystem ist man allerdings noch weit entfernt. Idealerweise müssten wir die Zeitung aufschlagen können, um uns auf den Wirtschaftsseiten über den *systemischen Risiko-Index* zum Beispiel der *Deutschen Bank*, der *Bank Austria* oder der *Credit Suisse* zu informieren. Oder auch über das gesamte *systemische Risiko* von Portugal, Italien, Griechenland oder Deutschland. Das würde uns informieren, wie groß die Gefahren eines Kollaps wirklich sind, woher sie kommen, und wie sie sich verändern.

Wir könnten damit auch transparent nachvollziehen, wie politische Interventionen mit dem Ziel, systemische Gefahren zu verringern, auch tatsächlich funktionieren – ein Beispiel für die mehr und mehr geforderte *evidence-based policy*, eine Art der Qualitätssicherung für politische

Entscheidungen. Auch könnte man die Auswirkungen anderer politischer Entscheidungen auf das *systemische Risiko* von Institutionen und Ländern monitoren.

Diese Transparenz wäre durchaus von Interesse für die Öffentlichkeit, da sehr häufig sie die Rechnung für den systemischen Schaden einer Krise zu begleichen hat. Sie sollte daher natürlich Einsicht über die tatsächlichen Ursachen und Verursacher der systemischen Risiken haben.

Wir haben bei unserer Arbeit herausgefunden, dass man nicht nur das *systemische Risiko* einer Bank, einer Versicherung oder eines Fonds berechnen kann, sondern auch das jeder einzelnen Transaktion[17]. Wir können also mit unseren Methoden im Prinzip das *systemische Risiko* jedes einzelnen Kredites, jedes einzelnen Aktienkaufs und jeder einzelnen Währungsspekulation berechnen[14]. Das heißt, wir können berechnen, welchen Einfluss und welchen Beitrag jede einzelne Transaktion zwischen den Akteuren auf die systemische Sicherheit des gesamten Finanzsystems hat.

## EIN THERMOMETER FÜR FINANZSYSTEME

Man kann sich den *systemischen Risiko-Index* etwa so vorstellen wie ein Thermometer. Wenn ein normales Thermometer 99 Grad Celsius anzeigt, kann man davon ausgehen, dass das Wasser bald zu kochen beginnen wird. Wenn es bei zwei Grad Celsius ist, ist man in der Nähe des Gefrierpunkts. Es markiert die *Tipping Points*, an denen sich die Eigenschaften des Systems drastisch ändern.

Im Finanzsystem bedeuten diese kritischen Punkte zum Beispiel, dass ein System von einem stabilen Zustand in einen instabilen übergeht. Würde man ein solches »Finanz-Thermometer« verwenden, könnte man dort eingreifen, wo es gerade »zu heiß« wird. Nationalbanken und die Bankenaufsicht eines Landes könnten damit abschätzen, wie weit man von diversen *Tipping Points* entfernt ist, und bekämen so eine Einschätzung der Kollaps-Wahrscheinlichkeit.

Würde das »Thermometer« eine zu hohe Temperatur für ein ganzes europäisches Land anzeigen, könnte man EU-weit rechtzeitig über Maßnahmen nachdenken, Vorbereitungen treffen, Schutzschilde errichten, so wie im Fall von Griechenland, nur eben diesmal lange bevor das Chaos losbricht. Solche »Thermometer« werden derzeit in der Praxis noch nicht verwendet. Was systemische Risiken angeht, tappt man also immer noch im Dunkeln, von einigen wenigen Ausnahmen abgesehen. Es ist fast so, als würde man nachts Autofahren und darauf verzichten, die Scheinwerfer einzuschalten.

## EINE STEUER, DIE DAS FINANZSYSTEM SICHER MACHT

Wie kann man es also besser machen? Die Computer-Modelle der Finanzsysteme von Österreich und Mexiko, an denen wir am *Complexity Science Hub Vienna* arbeiten, sind inzwischen so weit gediehen, dass sich damit verschiedene Regulierungen des Finanzmarkts im Computer virtuell testen lassen. Wir können eine Regulierungsmaßnahme, wie zum Beispiel das *Basel III*-Regulationsschema, einprogrammieren und sehen, was passiert. Wir können aber auch vollkommen andere Strategien testen, um zu lernen, welche Maßnahmen das System sicherer und welche es instabiler machen.

Wir haben uns in diesem Zusammenhang gefragt: Welche Art der Regulierung würde ein Finanzsystem maximal sicher machen? Vielleicht sogar so sicher, dass die Finanzkrise von 2008 als die letzte ihrer Art in die Geschichte eingeht? Man müsste einen Weg finden, dass Banken, die ausfallen, keine anderen mehr mitreißen können, dass also lawinenartige Kettenreaktionen systematisch unterbunden werden.

Die einfach anmutende Antwort zu dieser Frage lautet: Dazu muss man die zugrundeliegenden Netzwerke verändern. Doch wie verändert man Netzwerke? Wie verändert man sie so, dass sie resilient werden?

Wir haben einen Weg gefunden, mit dem genau das möglich ist. Die Grundidee basiert darauf, dass man Finanznetzwerke, also zum Beispiel Kredit-Netzwerke zwischen Banken, so umgestaltet, dass zum einen die Kettenreaktionen unterbunden werden und das Finanzsystem zum anderen, anders als bei den Basel-Regelungen, gleich effizient bleibt. Die Gesamtsumme der Kredite darf dabei natürlich nicht kleiner werden, genauso wenig wie Kredite teurer werden dürfen, denn sonst erfüllt das Finanzsystem ja seine Hauptaufgabe der effizienten »Zurverfügungstellung« von Kapital nicht mehr.

Die Grundidee ist relativ einfach: Würde man die Transaktionen mit hohem *systemischen Risiko* für das Finanzsystem hoch besteuern und diejenigen mit niedrigem Risiko niedrig, dann würden alle rational denkenden Akteure versuchen, die systemisch gefährlichen Transaktionen zu vermeiden. Wenn viele Akteure das tun, bildet sich ein neues Transaktions-Netzwerk aus, das dann tatsächlich ein viel geringeres systemisches Gesamtrisiko aufweist. Auf der anderen Seite würden Kredite dadurch auch nicht teurer und das System auch nicht weniger effizient, weil Netzwerke nur *umgestaltet* und Transaktionen nicht verhindert werden.

Bringt eine Transaktion kein *Risiko* ins Finanzsystem, ist sie steuerfrei. Befindet sich das System einmal in einem Modus, in dem kaum noch Kettenreaktionen möglich sind, werden fast alle Transaktionen automatisch steuerfrei. Die Steuer schafft sich also effektiv durch ihren Erfolg selbst wieder ab.

Wir konnten zeigen, dass man mit einer derartigen, smarten Transaktionssteuer, die wir *Systemic Risk Tax* genannt haben[18], das Finanzsystem sicherer machen kann, ohne es zu schrumpfen oder Banken durch größere Puffer zu belasten. Denn anders als bei *Basel I*, *Basel II* und *Basel III* würde das Kreditvolumen eben nicht durch größere Kapital-Puffer reduziert werden. Ein höheres Kreditvolumen bedeutet, dass das Finanzsystem effizienter funktionieren kann. Dann wird Geld verliehen, um Ideen und Projekte zu verwirklichen und es liegt nicht untätig in Safes. Das bedeutet also auch, dass es auch den Kreditnehmern und letztlich der Wirtschaft besser geht.

Wir haben die *Systemic Risk Tax* an einem digitalen, sogenannten Agenten-basierten Modell der österreichischen
Volkswirtschaft getestet. Es beinhaltet »Agenten« wie Banken, Unternehmen und Haushalte. Im Modell finanzieren
Banken die Unternehmen, die Güter produzieren. Haushalte
arbeiten für die Unternehmen und kaufen die produzierten
Güter. Alles hängt in diesem Modell über Netzwerke miteinander zusammen, ähnlich wie in der Wirklichkeit. Programmierer und Wissenschaftler haben es in mehreren Jahren
Arbeit so weit entwickelt, dass sich damit nicht nur die wirtschaftlichen Zusammenhänge abbilden, sondern auch Regulierungen, Gesetze und Steuern relativ gut testen lassen[19].

Wir haben die *Systemic Risk Tax* in diesem Agenten-basierten Modell virtuell eingeführt und gezeigt, dass sie,
was die Reduktion des *systemischen Risikos* betrifft, weitaus
effektiver als die Basel-Regulierung funktioniert. Wir haben sie auch mit der viel diskutierten sogenannten *Tobin
Tax* verglichen, die keine smarte, sondern eine einfache
Transaktionssteuer ist. Sie besteuert alle Transaktionen
gleich. Sie war ursprünglich dafür gedacht, schnelle internationale Kapitalabflüsse bei Finanzkrisen zu unterbinden.
Unser Ergebnis war eindeutig: Mit der *Tobin Tax* würde das
*systemische Risiko* des Finanzsystems zwar etwas sinken, mit
der *Systemic Risk Tax* sinkt es aber deutlich mehr. Während
durch die *Tobin Tax* Kredite teurer werden und das System
dadurch merklich ineffizienter wird, ist das bei der *Systemic
Risk Tax* nicht der Fall. Wie vorausgesagt, konfiguriert sich
das gesamte Finanznetzwerk selbst neu, in einer fast ideal-
stabilen Art und Weise.

Wie funktioniert das? Um das zu verstehen, kann man sich zum Beispiel ein Stück Stoff vorstellen, in den man ein kleines Loch brennt, zum Beispiel mit etwas Glut einer Zigarre. Der Stoff ist ein Netzwerk von Fäden, und wir wissen, dass es gute und schlechte Stoffe gibt. Bei einem guten Stoff bleibt das Loch immer etwa gleich groß, egal wie oft man ihn in der Waschmaschine wäscht. Bei einem schlechten Stoff wird das Loch bei jedem Mal Waschen größer, wie eine Laufmasche.

Mit der *Systemic Risk Tax* kann man bildlich gesprochen das Netzwerk, das dem Finanzsystem zugrunde liegt, quasi zu einem guten Stoff machen, der keine Laufmaschen wirft. Ein Loch im Finanzsystem, das einem Bank-Ausfall entspricht, vergrößert sich dann nicht mehr, keine weiteren Banken werden mitgerissen – die Kettenreaktion ist unterbunden.

Die *Systemic Risk Tax* hat jedoch ein Problem. Staaten müssten sie gleichzeitig einführen, sonst könnten Banken und Spekulanten sie umgehen, indem sie systemisch riskante Transaktionen über andere Länder ohne *Systemic Risk Tax* abwickeln. Ihre Einführung müsste also auf einem, zum Beispiel Euro-Zone weiten, internationalen Konsens basieren. Auch wenn es derzeit nicht realistisch aussieht, eine *Systemic Risk Tax* wirklich einzuführen, so ist dennoch wissenschaftlich bereits erwiesen, dass die Möglichkeit besteht, *systemisches Risiko* drastisch zu reduzieren. Dies kann nur aus einer Verbindung von Big Data und Rechenleistung erfolgen, also mit großen Datensätzen – den detaillierten Transaktions-Netzwerken, die vielen Nationalbanken zur Verfügung stehen – in Kombination mit entsprechenden Algorithmen, welche diese Daten in eine »Temperatur« übersetzen können. Das gibt etwas Anlass zur Hoffnung.

## ÖKONOMIE OHNE NETZWERKE: DAS ALTE PARADIGMA

Die Arbeitsweise der klassischen Ökonomie hingegen gibt weniger Anlass zur Hoffnung. Sie arbeitet oft immer noch so, wie sie tief im 20. Jahrhundert gearbeitet hat, obwohl sich die Welt und mit ihr die Wirtschaft und das Finanzsystem inzwischen gewaltig verändert haben. Zu der Zeit, in der die wesentlichen Elemente der klassischen Ökonomie entwickelt wurden, gab es weder leistungsfähige Computer noch bestand die Möglichkeit, Daten zu erheben, Netzwerke zu berechnen, alle Aktienkurse der Welt zu jeder Millisekunde zu kennen oder realistische Modellszenarien zu rechnen, die ganze Volkswirtschaften abbilden.

Als die Rechenleistung noch auf ein menschliches Gehirn beschränkt war, hat die Ökonomie herausragende Methoden entwickelt, um vernünftige Aussagen über das komplexe System »Wirtschaft« machen zu können. Ein Beispiel ist die sogenannte *Spieltheorie*, bei der man ausrechnen kann, wie rationale Akteure Entscheidungen in speziellen Situationen treffen. Andere Beispiele sind die sogenannten *Gleichgewichtstheorien*, bei denen man annimmt, dass sich die Wirtschaft in Gleichgewichtszuständen befindet, oder die *Efficient Market Hypothese*, die annimmt, dass Märkte sich nach relativ einfachen statistischen Regeln verhalten.

Ohne diese oder ähnliche stark vereinfachende Annahmen hätte man über weite Teile des 20. Jahrhunderts praktisch nichts Quantitatives über Wirtschaft aussagen können. Vielen, die diese Methoden entwickelt haben, war natürlich vollkommen bewusst, dass ihre Grundannahmen zu vereinfachend waren, um die wahre Komplexität abbilden zu können.

Obwohl heute vollkommen andere Methoden vorhanden sind, ungeheuer detailreiche Daten vorliegen, und obwohl viele der klassischen Konzepte inzwischen empirisch widerlegt sind, stört dies viele traditionelle Ökonomen wenig. Trotz falscher Grundannahmen und widerlegter Konzepte werden weiterhin Nobelpreise dazu vergeben. Das wäre in den Naturwissenschaften vollkommen undenkbar, wo Theorien oder Modelle, die in Widerspruch zu empirischen Daten und Fakten stehen, verworfen und verbessert werden müssen.

Entsprechend gering ist auch die Vorhersagekraft der traditionellen Ökonomie. So hatte praktisch kein Ökonom die Finanzkrise 2008 auf dem Radar[20]. Die Krise traf aus heiterem Himmel. Noch kurz zuvor war Alan Greenspan, der vormalige Chef der amerikanischen Notenbank, überzeugt, dass man das Finanzsystem inzwischen so weit im Griff habe, dass so etwas wie eine Finanzkrise gar nicht mehr möglich wäre. Wenig später gab er zu, dass das »gesamte intellektuelle Gebäude eingestürzt war«[21]. Wodurch kommen solche Fehlleistungen zustande? Zum einen dadurch, dass nach wie vor auf zu vereinfachende und falsche Grundannahmen gesetzt wird, und zum anderen natürlich, dass sowohl Wirtschaft, als auch Finanzwirtschaft, komplexe Systeme sind, zu deren Verständnis dynamische Netzwerke schlichtweg notwendig sind. Die gegenwärtig in der klassischen Ökonomie verwendeten Methoden, mit denen man den Zustand der Wirtschaft überwacht und zu antizipieren versucht, reichen dafür nicht aus. Es ist unrealistisch zu erwarten, dass man komplizierte komplexe Systeme mit einfachen Methoden verstehen und managen kann – auch wenn das derzeit nach immer noch versucht wird.

Eine zentrale Rolle in der klassischen Ökonomie spielen die sogenannten Gleichgewichtsmodelle. Hinter ihnen liegt die Annahme, dass sich die Wirtschaft, oder Teilbereiche von ihr, in einer Art Gleichgewicht befindet. Wenn dem so wäre, ließen sich tatsächlich einige Voraussagen treffen, da sich Systeme im Gleichgewicht mathematisch gut berechnen lassen. Doch sobald etwas in Bewegung kommt, sobald neue Produkte oder Firmen auf den Markt kommen, Unternehmen pleite gehen oder ein gesellschaftlicher Trend einsetzt, stimmt die Annahme mit dem Gleichgewicht nicht mehr. Sie ist dann nicht ein bisschen falsch, sondern kapital daneben.

In Wirklichkeit ist die Wirtschaft natürlich ständig in Bewegung. Sie ist eigentlich fast nie im Gleichgewicht. Trotzdem halten traditionelle Ökonomen an diesen Gleichgewichtsmodellen fest. Anders gesagt, man verwendet eine Theorie, die wunderbar funktioniert, wenn sich – fast – nichts tut. Gleichzeitig wird systematisch übersehen, dass sich die meisten Prozesse in der Wirtschaft auf Netzwerken abspielen.

Die klassische Ökonomie geht oft von »repräsentativen Agenten« aus. Diese fassen zum Beispiel alle Konsumenten eines Landes zu einem einzigen »repräsentativen« Konsumenten zusammen, der sich so verhält wie alle Konsumenten in Summe. Oder man fasst alle Banken zu einem »Bankensektor« zusammen und nimmt an, alle Banken würden sich so verhalten wie diese eine «aggregierte« Bank.

Man nimmt also das zugrundeliegende Netzwerk oder die Netzwerke zwischen den Akteuren aus der Modellierung ausdrücklich heraus. Wenn man diese Netzwerke aber ignoriert und die vielen Teilnehmer einer Wirtschaft zu »repräsentativen« Agenten zusammenfasst, kann man nicht erwarten, dass man Effekte, die ursächlich mit Netzwerken zusammenhängen, richtig verstehen kann. Systemischer Kollaps zum Beispiel ist so ein Netzwerkeffekt. Eine Ökonomie, die versucht, die Wirtschaft ohne Netzwerke zu beschreiben, ist fast so, als würde man Hamlet ohne den dänischen Prinzen aufführen[22].

Um einen wirklichen Fortschritt in der Vorhersagekraft der Wirtschaftswissenschaften zu erreichen, muss ihre Methodik verbessert und um Netzwerktheorie ergänzt werden. Nur diese kann letztlich der Tatsache Rechnung tragen, dass Wirtschaft ein komplexes, dynamisches und hochgradig vernetztes System ist.

Das zu tun, ist alles andere als einfach. Es wird in den nächsten Jahren gemeinsamer, interdisziplinärer Anstrengungen vieler ForscherInnen bedürfen, etwa vergleichbar mit der jahrzehntelangen Entwicklung der Wettervorhersagen. Noch vor wenigen Jahrzehnten waren diese alles andere als vertrauenswürdig und hatten relativ wenig Vorhersagekraft. Die Entwicklung, die zur heutigen Qualität der Wetterprognosen geführt hat, war nur möglich durch eine kollektive, interdisziplinäre Zusammenarbeit von tausenden Wissenschaftlern und Technikern. Wirklich gut geworden ist die Wettervorhersage erst, seitdem es möglich ist, Satellitendaten mit Großrechnern zu kombinieren. Also auch hier waren die »Game Changer« letztlich Big Data, Großrechner und ein Verständnis klimatischer Zusammenhänge.

Ohne neue Netzwerk- und datenbasierte Methoden, ohne neue Sensorik und ohne neue »Thermometer« für Wirtschaft und Finanzmärkte bleibt der Welt nur, aus ihren vergangenen Krisen zu lernen. Krise für Krise versteht man ein bisschen mehr. Sollte es überhaupt möglich sein, auf diese Weise irgendwann ein sicheres Finanzsystem, resiliente Zuliefernetzwerke, oder eine robuste Realwirtschaft zu entwerfen, wird der Weg dorthin wohl lange und beschwerlich.

Zwar existieren zu jeder Krise im Nachhinein wortreiche Erklärungen und Narrative, die aber wenig dazu taugen, praktische allgemeine Maßnahmen für die Zukunft zu entwickeln. So hat man zum Beispiel aus der letzten sogenannten »Sub-prime«-Finanzkrise gelernt, dass Banken keine unsicheren Kredite mit anderen, sicheren Papieren zu Paketen bündeln dürfen, um diese dann im großen Stil als sichere Papiere zu verkaufen. Künftig wird es solche Bündel, die sogenannten »strukturierten Produkte« vermutlich nicht mehr geben. Aus Mangel an Daten konnte man damals nicht im mindesten abschätzen, welche Bank welche strukturierten Produkte besessen hatte, und welche Risiken Banken und Versicherungen untereinander eingegangen sind. Genauso wenig konnte man errechnen, wer im Fall eines Ausfalls wen mitreißen, und welche Folgen das dann auslösen würde. Man konnte auch den Ausfall der Investmentbank *Lehman Brothers* nicht vernünftig simulieren, um der Öffentlichkeit plausibel erklären zu können, wieso man diese Bank nicht retten wollte.

Das Risiko der strukturierten Produkte ist heute also erkannt und wird in dieser Form wohl nie wieder schlagend werden. Doch ständig bauen sich neue Risiken auf, die auf keinen Radarschirmen klassischer Ökonomen erscheinen, die aber sehr wohl in den Wirtschafts- und Finanz-Netzwerken mit den entsprechenden Algorithmen nachweisbar wären.

## EINE NEUE ÖKONOMIE: COMPLEXITY ECONOMICS

Entsprechende Radarschirme zu entwickeln, ist eines der Hauptziele der sogenannten *Complexity Economics.* Sie bezeichnet den neuen Zugang zur Beschreibung der

Wirtschaft, der die Relevanz der Netzwerke, der großen Datensätze und der neuen mathematischen und Computer-basierten Methoden erkennt und praktisch nutzt. Die Verwendung von Netzwerk-basierten Methoden im Zusammenhang mit dem Finanzmarkt, so wie wir sie im Zusammenhang mit dem Finanzsystem besprochen haben, sind ebenso Gegenstand dieser neuen wissenschaftlichen Strömung.

Complexity Economics wird von einer kleinen Gruppe von Forschern entwickelt. Zu diesen zählen die Gruppen um Ricardo Hausmann an der Harvard Universität, um J. Doyne Farmer an der Universität Oxford, um Luciano Pietronero von der La Sapienza Universität in Rom und meine Arbeitsgruppe am Complexity Science Hub Vienna. Complexity Economics versucht aber nicht nur ein neues, wissenschaftliches Verständnis von Wirtschaft und Finanzsystem zu entwickeln, mit dem man Finanzsysteme besser verstehen und damit ihre Risiken sichtbar machen kann, sondern beleuchtet eine ganze Reihe von brennenden Fragen der Wirtschaftswissenschaften in neuem Licht.

## WAS IST COMPLEXITY ECONOMICS?

Complexity Economics beschäftigt sich unter anderem mit der Vorhersage von Wirtschaftswachstum auf Basis von Datensätzen, die unter anderem die Fähigkeiten von Ländern darstellen, gewisse Produkte herstellen zu können. Eine wesentliche Rolle spielt dabei, welche menschlichen

Fähigkeiten und welche Produkte dazu verwendet werden können, um gewisse Produkte herzustellen, die von anderen Ländern benötigt werden, weil sie diese nicht selbst herstellen können oder wollen.

Welche Fähigkeiten in den verschiedenen Ländern existieren und welche Fähigkeiten und Produkte benötigt werden, um andere Produkte herzustellen, wird in Netzwerken festgehalten. Produkte, die nur von wenigen Ländern hergestellt werden können und selbst aus komplizierten Bauteilen bestehen, haben einen hohen Komplexitäts-Grad. Große Profite lassen sich vorwiegend mit solchen komplexen Produkten erzielen.

Um komplexe Produkte herstellen zu können, braucht es bestimmte Kombinationen von Fähigkeiten und anderen Produkten. Eine, vielleicht sogar die zentrale Frage der Wirtschaft ist, wie sich ein Land mit seinen derzeitigen Fähigkeiten, also dem Ausbildungsgrad seiner Bevölkerung und der Qualität seiner Institutionen, aufstellen und verändern muss, um in den nächsten Jahren in seinem – sich ebenfalls verändernden – Umfeld, das heißt gegenüber den anderen Staaten, weiterhin wettbewerbsfähige Produkte produzieren zu können.

Mit den dahinterliegenden mathematischen und Netzwerk-basierten Modellen und den zugehörigen Datensätzen lassen sich deutlich bessere mittel- und langfristige Prognosen zum Wirtschaftswachstum einzelner Länder erstellen als mit herkömmlichen Methoden[23]. Es lassen sich auch, quasi als Nebenprodukt, nicht nur strategische Schwachstellen eines Landes aufzeigen und quantifizieren, sondern auch dessen Stärken und die Standortvorteile gegenüber anderen.

Aufbauend auf dieser Kenntnis lassen sich längerfristige Strategien für Wirtschaftsprogramme ableiten, etwa dafür, wie Staaten ihre wirtschaftliche Position mit gezielten Ausbildungsoffensiven und strategischen Investitionen verbessern können und welche Investitionen sich vermutlich niemals rechnen werden, weil Voraussetzungen, Talente und lokale Märkte fehlen. Die entsprechende Pionierarbeit haben hier vor allem Ricardo Hausmann und seine KollegInnen geleistet.

Ein weiterer Zweig der *Complexity Economics* beschäftigt sich mit den Risiken, die sich aus dem globalisierten Welthandel ergeben. Hier spielen Netzwerke vor allem bei Gütern eine Rolle, die in Zuliefernetzwerken weiterverarbeitet werden. Diese Zuliefernetzwerke können kollabieren und stellen ein zunehmendes *systemisches Risiko* in der globalen Realwirtschaft dar, wie man in der Corona-Krise feststellen konnte.

Während der vergangenen dreißig Jahre der Globalisierung wurden mehr und mehr Produktionsstätten ins Ausland verlegt, um billiger produzieren zu können. Das führte zwar einerseits zu billigeren Gütern, andererseits aber zu neuen internationalen Abhängigkeiten, die lange Zeit ignoriert wurden. Sobald zum Beispiel ein Land beschließt, ein gewisses Produkt nicht mehr zu liefern, oder wenn Transportwege geschlossen werden, wie es in der Corona-Krise geschehen ist, kann das blitzartig zu Engpässen führen. Jede Firma, die dieses Produkt benötigt, um selbst produzieren zu können, fällt aus, sobald ihre Lager leer sind. Die Produkte dieser Firmen fehlen dann eventuell als Input für weitere Firmen, und es kommt zu Kettenreaktionen, die im schlechtesten Fall die gesamte Industrie und die Wirtschaft in den Kollaps treiben können.

Am *Complexity Science Hub Vienna* entwickeln wir derzeit gemeinsam mit internationalen KooperationspartnerInnen Maßzahlen, um das Ausfallsrisiko für einzelne Firmen angeben zu können, wenn diese von einem Engpass betroffen sind. Ebenso Maßzahlen für deren systemische Relevanz, also den Schaden, den eine Firma im Falle ihres Ausfalles im gesamten Zuliefernetzwerk anrichtet.

Mit Welthandelsdaten in Kombination mit Firmendaten lässt sich auch die globale Technologie-Entwicklung im Laufe der vergangenen Jahrzehnte besser verstehen. So konnten wir zum Beispiel zeigen, dass Innovationen meist in Schüben verlaufen: Ein neues Produkt wird erfunden und auf den Markt gebracht. Wenn sich herausstellt, dass dieses Produkt mit anderen Produkten kombiniert werden kann, um weitere neue Produkte zu erzeugen, wird in kurzer Zeit eine ganze Reihe neuer Produkte entstehen, die auf der Erfindung des ersten Produkts basieren. Innovationen passieren also nicht kontinuierlich, sondern laufen als Kettenreaktionen ab. Diesen Mechanismus hat der große österreichische Ökonom Joseph A. Schumpeter bereits vor mehr als einem halben Jahrhundert postuliert. Er konnte mit Welthandelsdaten vor wenigen Jahren erstmals bestätigt werden[24].

*Complexity Economics* beschäftigt sich aber auch mit Themen des Arbeitsmarkts, den Konsequenzen der zunehmenden Automatisierung im Zuge der Digitalisierung und der Dynamik von technologischer Innovation.

## WAS VERSPRICHT DIE COMPLEXITY ECONOMICS – WAS NICHT?

Da praktisch sämtliche wirtschaftliche Abläufe vernetzt und miteinander verkettet sind, ist Wirtschaft fundamental *systemisch*, das heißt, die Veränderung einer Komponente hat möglicherweise Auswirkungen auf das gesamte System. Manchmal laufen diese Auswirkungen in Form von Kettenreaktionen ab, die systemrelevant sein können. Ohne Netzwerke ist ein Verständnis in vielen Fragen der Ökonomie undenkbar. Dem Rechnung zu tragen, verspricht die *Complexity Economics*.

Weder die Wissenschaft komplexer Systeme noch die *Complexity Economics* haben den Anspruch, die Zukunft vorherzusagen. Voraussagen, wann der nächste Finanz-Crash kommen wird, um wieviel der Aktienindex DAX in der nächsten Woche steigen wird, wann eine Firma Konkurs anmeldet, wann ein Präsident ermordet wird und so weiter, gehören weiterhin in die Domäne der Propheten und Wahrsager. *Complexity Economics* verspricht lediglich, die Auswirkungen und Konsequenzen gewisser Ereignisse auf Basis der Kenntnis von Zusammenhängen – den Netzwerken – im Vorhinein abschätzen zu können. Sie kann, wenn entsprechende Daten und Informationen über Netzwerke vorhanden sind, letztlich nur Aussagen der Art machen: Wenn Ereignis A (etwa eine Regulierungsmaßnahme) eintritt, bewirkt das mit der Wahrscheinlichkeit X das Ereignis B (etwa einen systemischen Crash). Sie kann also zum Beispiel sagen, welche Regulierungsmaßnahme wie viel *systemisches Risiko* aus dem System nimmt.

Einer der zentralen Punkte der Wissenschaft komplexer Systeme ist wie gesagt das Auffinden der kritischen Punkte, der *Tipping Points*, die wir in Kapitel drei besprochen haben. Wird so ein kritischer Punkt erreicht, ändert sich das System oft radikal, weil Kettenreaktionen ausgelöst werden. Wie erwähnt, sind die kritischen Punkte vergleichbar mit dem Siede- und dem Gefrierpunkt von Wasser. Ein Thermometer gibt an, wann es zu massiven Veränderungen kommen wird. In den letzten zwei Jahrzehnten konnte beeindruckend gezeigt werden, dass in fast allen komplexen Systemen, und damit auch in der Ökologie und der Wirtschaft, eine Vielzahl von kritischen Punkten existieren.

Derzeit ist meist noch nicht klar, wo diese kritischen Punkte exakt sind und wie die entsprechenden »Thermometer« aussehen sollen. In einigen Fällen konnten bereits Fortschritte erzielt werden. Im Zusammenhang mit dem Finanzmarkt konnten J. Doyne Farmer, John Geanakoplos von der Universität Yale und ich zeigen, dass der sogenannte »Leverage-Faktor« die Rolle einer Temperatur für das Finanzsystem spielen kann.

Der Leverage-Faktor gibt an, mit wie viel Fremdkapital Akteure am Finanzmarkt spekulieren. Banken und Hedge-Fonds haben oft große Leverage-Faktoren. Ein Faktor von dreißig bedeutet etwa, dass eine Bank mit dreißig Mal mehr Kapital anderer spekuliert, als sie selbst Eigenkapital hat.

Wir konnten im Zusammenhang mit üblichen Investmentstrategien am Aktienmarkt zeigen, dass das Ausfallsrisiko, und damit indirekt auch das *systemische Risiko*, ab einem Leverage-Faktor von etwa fünf drastisch zunimmt. Unterhalb von fünf kommt es zu praktisch keinen Kettenreaktionen von Banken-Ausfällen, oberhalb nimmt die Wahrscheinlichkeit von Ausfällen und Verlusten rapide zu[25].

Ein weiterer nicht unwesentlicher Punkt, den die *Complexity Economics* gegenwärtig zu lösen versucht, ist das Auffinden optimaler Netzwerkstrukturen. Optimal im Sinne von maximaler Effizienz bei gleichzeitig hoher Resilienz. Ohne Netzwerk-basierte Methoden sind solche Überlegungen natürlich völlig unmöglich. Im Zusammenhang mit systemischem Finanzrisiko konnten solche Strukturen bereits gefunden werden.

## PROBLEME AUF DEM WEG ZUR COMPLEXITY ECONOMICS

So funktioniert Ökonomie heute jedoch noch nicht. Die vorherrschende Sichtweise auf Wirtschaft und Finanz ist nach wie vor die klassische Gleichgewichtsökonomie, die Netzwerke praktisch nicht wahrnimmt. Dementsprechend wenig kann sie über die Zerbrechlichkeit des Finanzsystems und der Wirtschaft aussagen, geschweige denn Vorschläge zur Verbesserung ihrer Resilienz beisteuern. Aber die Relevanz komplexer dynamischer Systeme wird einer jüngeren Generation von Ökonomen zunehmend bewusst. ExpertInnen, die mit Big Data aufgewachsen und für die Netzwerk-Phänomene selbstverständlich sind, werden sich auch in der Ökonomie früher oder später durchsetzen.

Realistische und verwendbare Modelle eines Wirtschaftssystems zu bauen, um es damit zu berechnen, es zu beschreiben, seine Eigenschaften zu verstehen und vor allem seine Schwachstellen zu erkennen, um ihnen rechtzeitig vorzubauen, ist alles andere als einfach. Im Gegenteil. Wir stehen dabei noch ganz am Anfang. Wir können erst einen kleinen Teil der technischen Möglichkeiten ausschöpfen, die uns solch ein Vorgehen eines Tages verschaffen wird. Doch wir werden immer besser dabei, die neuen Methoden und Daten zu nutzen, und schon jetzt kann man Ergebnisse liefern, die unsere Betrachtung des Finanzsystems und unseren Umgang mit ihm grundlegend verändern werden.

Ein weiteres, nicht-technisches Problem der *Complexity Economics* besteht darin, dass man sich daran gewöhnen muss, dass Algorithmen Probleme lösen können, die Experten eventuell nicht mehr überwachen können. Hier entsteht eine Reihe von neuen Gefahren, die mit dem Abgeben von Macht und Kompetenz an Algorithmen einhergehen, und die im Zuge der Digitalisierung in einem breiten gesellschaftlichen Dialog gelöst werden müssen.

Meiner Meinung nach sollte die Vision aber unbedingt sein, dass möglichst viele Staaten so bald wie möglich damit beginnen, digitale Modelle ihrer Wirtschafts- und Finanzsysteme zu entwickeln. Um sie einerseits als Frühwarnsystem zu nutzen und andererseits als etwas wie einen »Kompass« für bessere evidenzbasierte Entscheidungen. Diese Modelle benötigen Daten, die bereits zur Verfügung stehen: Bilanzdaten, Kreditdaten, Gewinne und Verluste, Staatsausgaben, Kinderbeihilfen, Beihilfen, Subventionen, Förderungen, Steuereinnahmen, Verkehrs- und Transportdaten und so weiter. Diese Modelle würden auch aufzeigen, welche Daten weiter benötigt werden, die derzeit noch nicht erhoben werden oder zugänglich sind, wie etwa der jährliche $CO_2$-Ausstoß eines Unternehmens, die Zulieferketten einer Region, die Größe des Fuhrparks der Unternehmen oder welche Firma zu welchen Netzwerken von Unternehmen gehört.

Staaten, die diese Daten in eine systematische, strukturierte und verwendbare Form bringen, würden nicht nur Gefahrenherde und systemisch relevante Unzulänglichkeiten frühzeitig erkennen lernen, sie könnten, längerfristig, auch die Effektivität von möglichen Gegenmaßnahmen per Simulation im Vorhinein virtuell ausprobieren. Staaten könnten in weiterer Folge diese Daten und Modelle ihren Bürgern offen zur Verfügung stellen und so eine neue Form der Transparenz schaffen, die als Basis einer neuen Qualität von öffentlicher Verwaltung, Politik, und allgemeiner Partizipation und e-Government dienen könnte.

## FLUCHT NACH VORNE

Unser Finanzsystem war möglicherweise noch selten so zerbrechlich wie jetzt. Wir haben gesehen, was ein Virus auslösen kann. Während dieses Buch entsteht, im Sommer 2020, ist noch nicht absehbar, was es im Finanzbereich ausgelöst hat, was es noch anrichten wird und bis wann sich die Welt davon erholen wird. Wir haben wieder einmal gelernt, dass eine Kleinigkeit ausreichen kann, um Kettenreaktionen auszulösen, die riesiges Chaos anzurichten im stande sind. Wir wurden wieder einmal daran erinnert, dass es nicht um die Frage geht, ob oder woher die nächste Kleinigkeit kommen wird, sondern wie groß der Schaden sein wird, den sie anrichten wird, und wie gut wir darauf vorbereitet sind.

Die Wissenschaft komplexer Systeme und *Complexity Economics* können dazu beitragen, letzteres deutlich besser in den Griff zu bekommen. Die Zukunft werden wir weiterhin nicht vorhersagen können, wohl aber werden wir die Gefahren darstellen und Lösungswege aufzeigen können. Wir sind erstmals dabei, die Resilienz von wirklich relevanten Systemen zu vermessen und zu verbessern.

Dafür reichen die klassischen − zugegebenermaßen schönen, aber veralteten − Rezepte der Ökonomie nicht mehr aus. Die *Complexity Economics* setzt stattdessen auf Big Data, Netzwerke und Rechenleistung sowie auf das Verständnis komplexer Systeme. Darin, in einer wissenschaftlichen, rationalen Flucht nach vorne, liegt meiner Meinung nach unsere beste Chance, dass es uns, den fast acht

Milliarden Menschen auf dem Planeten, auch in Zukunft wirtschaftlich gut gehen wird – vielleicht sogar besser als je zuvor.

- Das Finanzsystem ist ein komplexes System.
- Es besteht aus Akteuren und Transaktionsnetzwerken.
- Es kann schlagartig kollabieren.
- *Systemisches Risiko* von Akteuren und Transaktionen ist berechenbar.
- Mit diesen Maßzahlen kann eine gezielte Umgestaltung von Netzwerken herbeigeführt werden.
- Diese Umgestaltung erlaubt, Finanzsysteme deutlich sicherer zu machen.
- *Complexity Economics* nimmt die fundamentale Bedeutung von Netzwerken zum systemischen Verständnis von Finanz- und Realwirtschaft zur Kenntnis.

# KAPITEL 5: **DIE ZERBRECHLICHKEIT DES PLANETEN: KLIMAKRISE UND KOLLABIERENDE ÖKOSYSTEME**

*Ökosysteme bestehen aus vielen miteinander verwobenen Netzwerken. Als solche sind sie stabil und anpassungsfähig, aber nur bis zu einem gewissen Grad. Auch sie haben Tipping Points, an denen sie kollabieren. Die menschengemachte Erderwärmung bringt diese Netzwerke gleichzeitig an mehrere dieser Tipping Points. Die Wissenschaft lässt uns die katastrophalen Folgen des Klimawandels bereits sehen, doch wir tun nicht genug, um uns zu retten. Der Grund dafür ist, dass wir unsere sozialen und sozio-ökonomischen Netzwerke umgestalten müssten. Und das ist schwierig.*

## SECHS MAL TOTALKOLLAPS

Nicht das erste Mal steht es um den Planeten schlecht. Nicht zum ersten Mal ändert sich seine Temperatur, nicht zum ersten Mal sterben massenhaft Arten aus. Aber zum ersten Mal ist das nicht die Schuld von Vulkanen und Meteoriten, sondern die drohende Katastrophe ist menschengemacht. Wir sind schuld. Unser Verhalten und unsere Netzwerke.

Der Planet ist etwa 4,5 Milliarden Jahre alt. Seit 3,8 Milliarden Jahren gibt es Leben auf ihm. Bereits vor 444 Millionen Jahren kam es zum ersten Massensterben, bei dem 85 Prozent aller Arten ausstarben. Beim zweiten Massensterben, das vor etwa 380 Millionen Jahren stattfand, verloren 75 Prozent aller Arten für immer ihre Existenz. Vor 252 Millionen Jahren verschwanden etwa 96 Prozent in den Weltmeeren und drei Viertel am Land.

Es folgte das vierte Massensterben vor 201 Millionen Jahren, dem 80 Prozent aller Arten an Land und im Meer zum Opfer fielen. Das bisher letzte große Sterben, das fünfte, fand vor 66 Millionen Jahren statt, mit einem Verlust von 75 Prozent aller Arten, unter anderem der Dinosaurier. Viele der Arten, die damals ausstarben, finden sich heute in den fossilen Brennstoffen, die eine Hauptrolle in der gegenwärtigen Klimakrise spielen. Heute befinden wir uns im sechsten großen Artensterben der Weltgeschichte.

Noch nie – seitdem der Planet existiert – sind Arten so schnell ausgestorben wie jetzt. Sie tun es hundert Mal schneller als unter natürlichen Umständen. Mehr als eine Million der 1,2 Millionen katalogisierten Arten sind bedroht. Das Aussterben ist nicht nur schon jetzt das schnellste aller Zeiten, es beschleunigt sich auch noch[26].

Zum Teil erklärt sich das Sterben durch Abholzung, Zerstörung von Lebensraum, Landwirtschaft und Überfischung. Experten gehen davon aus, dass die menschengemachte Klimaerwärmung das Artensterben noch weiter beschleunigen wird. Etwa die Hälfte aller Arten werden noch im Laufe des Jahrhunderts, also den nächsten achtzig Jahren, ihre temperaturmäßige »Komfortzone« verlieren und kommen dadurch unter zusätzlichen Stress. Verschwindende Biodiversität in Kombination mit der gegenwärtigen, menschengemachten Klimakrise setzen dem Planeten zu und schaffen Gefahren, die auch die Überlebenswahrscheinlichkeit der derzeit 7,8 Milliarden Menschen in den kommenden Jahrzehnten reduzieren.

## ES WIRD WIRKLICH GEFÄHRLICH

Die menschengemachte Erderwärmung und der damit verbundene mögliche Kollaps der globalen Ökosysteme, ist wahrscheinlich die größte Gefahr, der die Menschheit je ausgesetzt war.

Noch leidet in Mitteleuropa kaum jemand. Es wird ein bisschen wärmer. Das scheint vorläufig alles zu sein. Doch uns drohen Horrorszenarien, die uns auf dramatische Art bewusst machen könnten, was auf diesem Planeten miteinander zusammenhängt, und, dass letztendlich alles vom Zusammenspiel intakter Ökosysteme und einem stabilen Klima abhängt[27]. Krisen zeigen diese zum Teil unerwarteten Zusammenhänge manchmal sehr deutlich auf, wie man in der Corona-Krise gelernt hat.

Das derzeit angestrebte obere Limit bei der Erderwärmung bis zum Jahr 2100, auf das sich Regierungschefs 2016 beim UN-Klimagipfel in Paris geeinigt haben, liegt bei 1,5 Grad über dem Wert aus der vorindustriellen Zeit. Damit sollen die Folgen der menschengemachten Erderwärmung auf ein kontrollierbares Maß eingedämmt werden. Dieses Ziel zu erreichen, ist laut Hans Joachim Schellnhuber, Gründer und ehemaliger Chef des *Potsdam Institut für Klimafolgenfor-*

*schung (PIK)*, gar nicht mehr möglich. Und sobald wir einmal bei zwei Grad sind, werden wir durch eine Reihe von Rückkopplungsschleifen bald bei vier Grad sein, schätzt er.

Der Mensch würde als Spezies zwar irgendwie überleben, aber diese Erwärmung würde alles zerstören, was wir in den vergangenen 2000 Jahren geschaffen haben. »Bei einer um vier Grad wärmeren Welt ist es schwierig zu sehen, wie wir eine Milliarde Menschen, oder auch nur die Hälfte davon, darin unterbringen können«, sagt Johan Rockström, ebenso Wissenschaftler am *PIK*.

Also sieben Milliarden Menschen weniger? Von derzeit acht Milliarden Menschen bleibt eine Milliarde über? Die Folgen sind nicht ausdenkbar. Alles bisher erlebte, wie die Spanische Grippe, die Atombombe, die Super-GAUs in Kernkraftwerken, Kriege, Seuchen und Hungersnöte, all das ist nichts gegen die Prognose von Johan Rockström: Sieben der acht Milliarden drohen zu verschwinden.

Es ist also wirklich ernst. Denn diese Befürchtungen stammen nicht von Endzeitpropheten oder »Ökospinnern«, sondern von den renommiertesten Klimaforschern der Welt. »Das derzeit wahrscheinlichste Szenario ist der Kollaps« sagt Will Steffen[28]. Und der wird eine direkt Folge der steigenden Temperatur sein.

## VERNETZTE NETZWERKE

Die Klimakrise demonstriert eindrucksvoll und überwältigend, wie Klima, Wetter, Ökosysteme, Meeresspiegel, geodynamische Phänomene, Dürren, Migration und soziale Spannungen zusammenhängen. Die vielen komplexen Systeme, die über das Klima miteinander unmittelbar verbunden sind, stellen ein weitaus komplexeres System dar als etwa das Finanzsystem.

Wir haben in Kapitel vier gesehen, dass das Finanzsystem aus mehreren Netzwerken besteht, welche die Akteure des Finanzmarkts miteinander verbinden. Die Akteure waren relativ einfache Knoten: Banken, Fonds, Versicherungen oder reiche Investoren. All diese Akteure sind in einem gewissen Sinn ähnlich, alle maximieren ihren Profit und minimieren ihr Risiko. Sie stehen miteinander durch Finanztransaktionen in Verbindung. Auch diese Zusammenhänge sind relativ einfach, sie legen in ihren Kontrakten fest, wer wem wann unter welchen Umständen wieviel Geld zahlen muss.

In Ökosystemen stehen nicht nur Akteure eines Typs miteinander in Beziehung. Dort interagieren letztlich Korallen mit Banken und Erdölproduzenten, Holzimporteure mit Nashörnern, der Meeresspiegel mit Schifffahrtsunternehmen und Sozialhilfeeinrichtungen mit der Hurrikan-Wahrscheinlichkeit. Die Interaktionen zwischen diesen Akteuren sind nicht einfach Vereinbarungen, wer wem was schuldet, sondern hinter jeder Beziehung stecken ganze Prozesse, oder Ketten von Prozessen, die sich nicht mehr einfach in Daten und Links abbilden lassen. Das führt zu der betrüblichen Situation, dass wir derzeit noch keine ausreichende Netzwerk-basierte Datengrundlage für die Zusammenhänge unserer zentralsten Probleme besitzen.

Speziell die Datenlage darüber, wie Wirtschaftsprozesse und deren Netzwerke mit den ökologischen Netzwerken verwoben sind, ist mehr als lückenhaft. Auf der anderen Seite kennen wir viele der einzelnen Phänomene sehr genau. Wir kennen die Temperaturzunahme, die ungefähren $CO_2$-Emissionen aller Länder, wir können auch verbal beschreiben, wie diese Phänomene zusammenhängen, aber wir besitzen eben kein zusammenhängendes Daten-basiertes Bild, das es uns erlauben würde, Simulationen von einer Qualität durchzuführen, wie wir das beim – viel einfacheren – Finanzsystem bereits machen können. Wir können daher auch die *systemischen Risiken* nicht gut beziffern. Wir können zum Beispiel nach wie vor nicht genau und für jedermann klar nachvollziehbar machen, wieviel erwarteten Gesamtschaden das Verbrennen von einem Kilogramm Erdöl in den nächsten hundert Jahren verursachen wird. Schaden in der Artenvielfalt, in der landwirtschaftlichen Produktion, im Verlust von Küstenregionen, Ausgaben für Klimaanlagen und so fort. Würden wir diesen Schaden nachvollziehbar beziffern können, müssten wir die fossilen Brennstoffe gemäß dem zu erwartenden Schaden schon heute vollkommen anders besteuern. Diese würden dann wohl so teuer werden, dass sich die *Grüne Wende* wohl schnell durchsetzen könnte.

Ein wesentlicher Aspekt ist, dass der Gesamtschaden für alle offensichtlich und objektiv belegbar sein sollte. Andernfalls wird es immer Menschen und Interessensgruppen geben, die diese Zahlen anzweifeln, um weiterhin im fossilen Zeitalter verbleiben und vom Leugnen der Probleme profitieren zu können.

Das Fehlen der datenbasierten Zusammenhänge zwischen Ökosystemen, Klima und Wirtschaftsnetzwerken ist mit auch ein Grund, wieso es keine global akkordierten, weithin akzeptierten und bindenden Aktionspläne zum Klimaschutz gibt. Auf allen Ebenen existieren Unsicherheiten, die permanent dazu verwendet werden, die notwendigen Schritte Richtung Dekarbonisierung zu verzögern.

Die Tatsache, dass es derzeit noch keine umfassende, zusammenhängende, standardisierte und Netzwerk-basierte Datengrundlage aus einem Guss gibt, die detailliert angibt, wie die verschiedenen Wirtschafts- und Ökosysteme zusammenhängen, führt auch zu der Schwierigkeit, dass wir die *Tipping Points* nicht exakt kennen.

Wir kennen die Problemkreise, wir wissen, dass sie zum Kollabieren einzelner Systeme führen können, wir wissen auch, mit welcher Art von Kollaps wir rechnen müssen, aber wir können seine Wahrscheinlichkeit nach wie vor nicht gut angeben.

Die Notwendigkeit, diese Datenbasis zu schaffen, haben Tausende Wissenschaftler und zahllose Institutionen längst erkannt. Die damit verbundenen Herausforderungen sind derart groß, dass sie wohl alles in den Schatten stellen, was es jemals an gemeinschaftlichen wissenschaftlichen Anstrengungen gegeben hat.

## ÖKOSYSTEME SIND NETZWERKE

Ökosysteme sind aus Netzwerken aufgebaut. Netzwerke von Lebewesen, die sich einen gemeinsamen Lebensraum teilen. Das bekannteste ökologische Netzwerk ist die Nahrungskette – ein Netzwerk, das beschreibt, wer wen frisst. Die Knoten sind die verschiedenen Spezies und die Links sagen aus, welche Knoten einander auf dem Speiseplan haben.

Ökosysteme umfassen aber weitaus mehr Netzwerke als die Nahrungskette. So zum Beispiel kann ein Link zwischen zwei Spezies bedeuten, dass sie miteinander in Symbiose leben, also jeweils die eine Art das Leben der anderen in irgendeiner Form erleichtert oder überhaupt ermöglicht. Dies wäre ein »Kooperationsnetzwerk« der Spezies. Oder ein Link zwischen zwei Spezies kann bedeuten, dass beide den gleichen Lebensraum haben, oder sie chemische Substanzen austauschen. Diese Netzwerke sind oft ineinander verwoben, bilden also *Netzwerke von Netzwerken*. Diese kippen leichter als voneinander unabhängige Netzwerke. Das trifft natürlich auch auf Netzwerke von ökologischen Netzwerken zu – der Ausfall eines Netzwerks kann den Ausfall eines anderen Netzwerks bedingen.

Oft stehen sich Ökosysteme mit Wirtschaftsnetzwerken in einem konträren oder gegenläufigen Verhältnis gegenüber. Das heißt, was gut für ein Wirtschaftsnetzwerk ist, ist schlecht für ein Ökosystem. Wirtschaftssysteme beanspruchen oft den Lebensraum von Ökosystemen. Da Wirtschaftsnetzwerke oft »stärker« sind als Ökosysteme, ziehen letztere für gewöhnlich den Kürzeren und verschwinden.

Das zeigt sich etwa daran, wie weit Ökosysteme und ihre Artenvielfalt bereits zurückgedrängt wurden. Halten wir uns die gesamte Biomasse an Wirbeltieren, inklusive der Menschen vor Augen, besteht etwa ein Drittel davon aus Menschen und zwei Drittel aus Tieren, die sich der Mensch als Nahrung hält. Nur noch drei Prozent aller Wirbeltiere leben frei und wild. Diese Tierpopulation ist von 1970 bis heute um sechzig Prozent zurückgegangen.

## ÖKOSYSTEME KIPPEN

Dass Ökosysteme kippen können, ist allen klar. Wir kennen die Bilder von Algenteppichen im Mittelmeer. Einige von uns erinnern sich, dass das Ökosystem an der Neufundländischen Küste wegen der starken Kabeljauüberfischung gekippt ist. In den 1960er- und 1980er-Jahren kippte der Aralsee – einst der viertgrößte See der Welt – auf spektakuläre Art und Weise. 1981 fingen die Fischer dort nur noch ein Tausendstel dessen, was noch zwanzig Jahre zuvor gefischt wurde. Inzwischen ist der See aufgrund der Änderungen im Mikroklima verschwunden. Er ist einfach ausgetrocknet. Durch künstliche Bewässerung und Baumwollanbau zog er sich anfangs fast unmerklich zurück, dann immer schneller – für Wissenschaftler damals vollkommen unverständlich. Sie hatten den entsprechenden *Tipping Point* übersehen. Die Folgen des Verschwindens des Aralsees sind ein vollkommen verändertes Klima und führten zum Kollaps der lokalen Wirtschaft. Zurückgeblieben ist eine

Staubwüste, die durch den jahrelangen Einsatz von Dünger und Pestiziden giftig und gesundheitsschädlich ist. Eine andere Form des Kippens eines Ökosystems ist das Auftreten von invasiven Arten. Viele kennen das Himalaya-Springkraut, das unser Landschaftsbild verändert und Arten verdrängt hat, die Jahrhunderte lang heimisch waren. Wir erleben neue, aus Asien eingewanderte Stechmücken und lernen, dass inzwischen bis zu achtzig Prozent der Insektenbestände aus Deutschlands Schutzgebieten verschwunden sind. Wir hören von der Korallenbleiche, was nichts anderes bedeutet als das Absterben von Korallenriffen in nie dagewesener Geschwindigkeit, was wiederum den Lebensraum Tausender Arten akut bedroht. Die Größe eines Ökosystems ist kein Schutz vor Schwierigkeiten – auch große Ökosysteme kollabieren[29]. Der Amazonas-Regenwald mit seinen fünf Millionen Quadratkilometern könnte innerhalb der nächsten fünfzig Jahre kollabieren, die 20.000 Quadratkilometer großen Korallenriffe der Karibik sogar in nur 15 Jahren.

Der amerikanische Evolutionsbiologe, Physiologe und Biogeograf Jared Diamond beschreibt das menschengemachte Kippen von Systemen, die letztlich zum Aussterben von ganzen Kulturen geführt haben. Im Speziellen beschreibt er das Aussterben der Bevölkerung auf den Osterinseln, der Mayas, der Anasazi-Indianer in der Mesa Verde in den USA und den Wikingern auf Grönland. In vielen seiner Beispiele ist der letztliche Grund für das Aussterben die Übernutzung der natürlichen Ressourcen, gepaart mit der Schwierigkeit von Gesellschaften, ihre kulturellen oder wirtschaftlichen Verhaltensmuster schnell genug anzupassen. Selbst im Angesicht der Katastrophe ging es in der Geschichte oft zu langsam.

## UNVERMEIDBARKEIT DER TIPPING POINTS

Seit dem Kippen des Aralsees ist die Wissenschaft weiter. Man versteht inzwischen sehr viel besser, wie Systeme kollabieren und was *Tipping Points* bedeuten. In »einfachen« komplexen Systemen kann man sie bereits berechnen, in »komplizierten« komplexen Systemen wie Ökosystemen funktioniert das nach wie vor nicht so gut. Man hat zwar Fortschritte gemacht, wie man Warnsignale unmittelbar vor dem tatsächlichen Kollaps eines Systems wahrnehmen kann, aber es bleibt eine zentrale Herausforderung, die *Tipping Points* exakt zu berechnen. Dank der Komplexitätsforschung lässt sich inzwischen aber mit Bestimmtheit sagen: In allen Systemen, die die Fähigkeit zu einer evolutionären Entwicklung haben, existieren diese *Tipping Points*. Sie sind unvermeidlich. Und sobald sie erreicht werden, erfolgt ein blitzartiger Übergang von einem Systemzustand zu einem radikal anderen.

Gemeinsam mit dem theoretischen Biologen Stuart A. Kauffman konnten wir mit einem mathematischen Beweis zeigen, dass jedes evolutionäre System *Tipping Points* besitzt[30]. Ökosysteme sind natürlich evolutionäre Systeme, die durch die Gesetze der Evolution ständig Neues hervorbringen, genauso wie auch die Wirtschaft und das Finanzsystem evolutionäre Systeme sind. Sie alle haben kritische Kollaps-Punkte, deren exakte Position zwar heute noch nicht bekannt ist, man weiß aber, dass sie hundertprozentig da sind. Sobald man auf sie tritt – ähnlich wie bei einem Minenfeld –, kollabiert das System. Das ist so sicher wie ein Naturgesetz. Die Botschaft ist klar. Wollen wir den Kollaps eines Systems vermeiden, müssen wir seinen *Tipping Points* fernbleiben. Und solange wir nicht genau wissen, wo sie sich befinden, müssen wir vorsichtig sein. So vorsichtig wie beim Überqueren eines Minenfeldes.

Bezogen auf die Klimakrise wissen wir heute, dass wir uns in mehrfacher Weise auf *Tipping Points* zubewegen. Es gibt leider kaum Anzeichen dafür, dass wir uns von ihnen wegbewegen – auch wenn es manchmal kurze Hoffnungsschimmer gibt. Zum Beispiel, als 2017 das deutsche Bundesland Baden-Württemberg seinen Plan kundtat, ab 2030 keine Verbrennungsmotoren mehr zuzulassen. Dieser Plan wurde allerdings schnell wieder begraben. »Wir brauchen gerade auch Diesel-Autos, um unsere $CO_2$-Vorgaben in den nächsten Jahren zu erfüllen« war damals Angela Merkels merkwürdiges Argument gegen das Verbot von Verbrennungsmotoren.

## VIELFALT MACHT RESILIENZ – WIR ZERSTÖREN BEIDES

In Kapitel drei haben wir besprochen, dass Resilienz die Fähigkeit eines Systems ist, auf einen Schock zu reagieren, indem es seine Funktionstüchtigkeit quasi selbst wiederherstellt, sich also selbst heilt oder repariert. Resiliente Systeme benötigen generell eine minimale Vielfalt, um überhaupt resilient sein zu können. Wenn diese Vielfalt unterschritten wird, ist Selbst-Reparatur nicht mehr möglich. Durch die stetige Reduktion der Artenvielfalt in Ökosystemen zerstören wir ihre Resilienz.

Aus der Sicht der Netzwerke bedeutet Resilienz, dass sich die einem System zugrundeliegenden Netzwerke selbstständig regenerieren können. Das setzt voraus, dass die einzelnen Knoten die Fähigkeit behalten, neue Links zu anderen Knoten aufzubauen. Vielfalt bedeutet im Zusammenhang mit Netzwerken, dass viele – und viele verschiedene – Typen von Knoten und Links existieren. Je mehr Knoten existieren, um so »viel mehr« Verbindungen können zwischen ihnen entstehen. Wenn wir einem System seine Vielfalt nehmen, reduzieren wir die Anzahl der Möglichkeiten für solche Linkbildungen drastisch. Setzen wir Teile des Systems unter Stress, bedeutet das typischerweise, dass neue Linkbildungen ebenfalls erschwert werden. Verschwindet die Resilienz, wird das System wegen der reduzierten Anzahl an Links »brüchig«, und es wird letztendlich kippen.

Wenn Ökosysteme kippen, heißt das nicht, dass sie vollständig verschwinden. Kippen heißt, dass sie von einem Zustand »vorher« zu einem Zustand »nachher« übergehen. Der neue Zustand ist meist dadurch charakterisiert, dass sie weitaus weniger vielfältig sind. In den 1960er-Jahren war der Aralsee ein boomendes Ökosystem mit Hunderten Fischarten. Jetzt ist er eine Staubwüste, in der zwar immer noch Lebewesen wohnen. Nur eben sehr viele weniger.

Viele Prozesse und Phänomene sind umkehrbar. Wenn man Wasser auf mehr als hundert Grad erhitzt, kocht es. Lässt man es wieder abkühlen, kocht es nicht mehr. Das ist umkehrbar. Wenn ein Auto zunächst fährt, dann crasht, dann repariert wird und wieder fährt, ist das ebenfalls umkehrbar. Auch eine Finanzkrise ist in einem gewissen Sinne umkehrbar. Sie tut weh, macht unter Umständen viele Menschen arbeitslos und verursacht viel Leid, aber eine Gesellschaft kann darüber hinwegkommen, auch wenn es länger dauert – zum Beispiel ein Jahrzehnt, wie in der jüngsten Finanzkrise. Doch es gibt auch unumkehrbare Prozesse.

Wenn eine Tierart ausstirbt ist es relativ logisch, dass das nicht mehr rückgängig gemacht werden kann. Vielleicht wird man in Zukunft auf Gen-Datenbanken zurückgreifen können und eine ausgestorbene Tierart, deren Genom sequenziert und abgespeichert wurde, künstlich wieder in die Existenz zurückholen. Das ist allerdings heute noch nicht der Standard. Zu den unumkehrbaren Prozessen gehört auch das Kippen von Ökosystemen und die Veränderungen des Klimas.

Eine weitere Schwierigkeit mit unumkehrbaren Schäden, die mit dem Kollaps von Ökosystemen einhergehen, ist der Verlust der Resilienz. Kann ein System nicht mehr repariert werden, ist es *irreversibel* verloren. Es ist nicht mehr möglich, es in den ursprünglichen Zustand zu bringen.

## SELBSTVERSTÄRKUNG

Vieles im Zusammenhang mit der Klimakrise hat mit selbst-beschleunigenden oder selbst-verstärkenden Mechanismen zu tun. Zum Beispiel tauen höhere Temperaturen die Permafrostböden Sibiriens und Kanadas auf. Aus den feuchten Böden tritt Methan aus, ein Treibhausgas, das die Atmosphäre zusätzlich belastet und die Erderwärmung schneller vorantreibt. In der Folge tauen Permafrostböden noch schneller auf und immer mehr Methan tritt aus.

Oder: Hitze trocknet Wälder aus. Dadurch kommt es zu mehr Waldbränden, die die Atmosphäre mit zusätzlichem $CO_2$ belasten. Wodurch die Hitze weiter steigt und noch mehr Wälder abbrennen.

Selbst-verstärkende Prozesse im Zusammenhang mit der Klimakrise haben eine verheerende Wirkung. Speziell deswegen, weil die zentralen Phänomene nicht unabhängig sind, sondern sich gegenseitig beeinflussen – oft verstärkend. Um das zu illustrieren, sehen wir uns das folgende Beispiel an.

### KLIMAKRISE – VERNETZTE TIPPING POINTS

Was passiert, wenn es wärmer wird? Wenn es mehr als zwei Grad wärmer wird, was Klimawissenschaftler angesichts der nicht in genügendem Ausmaß stattfindenden und mangelhaften Maßnahmen für ein realistisches Szenario halten?

147

Grönland ist zu achtzig Prozent mit einer Eisschicht bedeckt, die im Mittel 1,5 Kilometer dick ist. Das sind etwa 2 670 000 000 000 000 000 Liter gefrorenes Wasser. Würde es schmelzen, würde das einen Anstieg des Meeresspiegels um etwas mehr als sieben Meter bedeuten. Seit dem Jahr 2006 verliert Grönland jährlich etwa 270 000 000 000 000 (270 Gigatonnen) Eis, was einem Meeresspiegelanstieg von nicht ganz einem Millimeter pro Jahr entspricht[31].

Drastisch größer als die Eisdecke Grönlands ist der antarktische Eisschild, die südliche Polkappe der Erde, die fast komplett mit Eis überzogen ist. Der Schild enthält mit seinen 26 Millionen Kubikkilometern fast siebzig Prozent des gesamten Süßwassers des Planeten. Das vollständige Abschmelzen dieser Eismasse würde einen Meeresspiegelanstieg um fast sechzig Meter bedeuten.

In der Westantarktis befindet sich vor allem Eis, das im Meer schwimmt, sogenanntes Schelfeis, das wegen seinem Kontakt zum Meer schneller schmelzen kann als der Rest. Würde dieses Schelfeis der Westantarktis schmelzen, würde der Meeresspiegel um etwa 3,5 Meter steigen, beim Schmelzen des ostantarktischen Schelfs um weitere 19 Meter.

Wie schnell schmelzen diese Eisreserven?

Das Arktiseis ist in den vergangenen Jahrzehnten jeweils um mehr als zwölf Prozent zurückgegangen. Der Weltklimarat oder das *Intergovernmental Panel for Climate Change*, kurz IPCC, wie er korrekt heißt, ist die globale Instanz für Klimawandel. Er hat in seinem Bericht von 2019 festgehalten: Bleibt der Temperaturanstieg in Folge einer zeitnahen drastischen Reduktion von Treibhausgasen unter zwei Grad, ist mit etwa 60 Zentimetern Meeresspiegelanstieg bis 2100 zu rechnen. Bei zwei Grad wären über einen Meter Anstieg zu erwarten. Viele unter uns werden das noch erleben.

Bei zwei Grad wäre auch das vollständige Verschwinden der Gletscher zu befürchten, was einen weiteren Anstieg um zwanzig Zentimeter bedeuten würde. Im Bericht wird auch erwähnt, dass sich der Anstieg des Meeresspiegels beschleunigt, was auf einen Selbstbeschleunigungsmechanismus zurückzuführen ist, der die Lage noch einmal verschärft.

## MEERESSPIEGEL

Was würde zum Beispiel mit der indonesischen Hauptstadt Jakarta passieren, die an der Nordwestküste der Insel Java liegt und derzeit eine der am stärksten von einer Überflutung bedrohten Städte der Welt ist? Brüchige Mauern halten das Meer davon ab, weite Teile der Stadt zu überfluten. Die Regierung will deshalb die Hauptstadt-Agenden auf die Insel Borneo verlegen. Wer die Mauern, gegen die das Meer schwappt, gesehen hat, weiß warum.

Shanghai ist mit ähnlichen Problemen konfrontiert, genau wie Hongkong oder etwa die weitläufige chinesische Hafenstadt Guangzhou nordwestlich von Hongkong. Noch problematischer ist es in Bangladesch mit seiner Hauptstadt Dhaka am Buriganga-Fluss, wo die wirtschaftlichen und infrastrukturellen Ressourcen fehlen, um dem steigenden Meeresspiegel mit Dämmen entgegenzuwirken.

Der Weltklimarat betont in einem jüngst erschienenen Bericht, dass weltweit mehr als eine Milliarde Menschen auf einer Seehöhe von weniger als zwanzig Metern leben, und das auf einer Landfläche von acht Millionen Quadratkilometern. Das ist etwa die Fläche Brasiliens. Was passiert, wenn sich hundert Millionen von ihnen, also bloß die zehn Prozent der reichsten und mobilsten, in Bewegung setzen, nicht nur wegen der Überflutung der Städte, sondern auch, weil ihnen Sturmfluten, Hitze, Dürre oder die Küstenerosion schwer zu schaffen machen? Wohin gehen sie? Wovon leben sie? Wie integrieren sie sich? Wie willkommen sind sie anderswo – in Zeiten der Krise?

Wenn sich 100 Millionen nach europäischen und amerikanischen Städten aufmachen, wird das keine besondere Willkommensfreude auslösen. Man halte sich zum Vergleich die Flüchtlingsproblematik aus Syrien vor Augen, die in der EU bekanntlich eine veritable politische Krise ausgelöst hat. Von den 5,6 Millionen syrischen Flüchtlingen, die ihr Land verlassen haben, kamen knapp eine Million nach Deutschland und etwa 90.000 suchten um Asyl in Österreich an. Am Höhepunkt der Bürgerkriegskatastrophe in Syrien gab es in der gesamten EU etwas mehr als 1,3 Millionen Asylanträge. Was ist das im Vergleich zu einer Völkerwanderung mit den vom steigenden Meeresspiegel Vertriebenen?

Aber nicht nur die reichsten zehn Prozent werden sich in Bewegung setzen. Wenn Lebensraum und damit verbunden Nahrung und Wasser fehlen, werden auch weniger Flexible aufbrechen. Wir sind auf solche Szenarien überhaupt nicht vorbereitet. Noch nicht einmal der völkerrechtliche Status von Klimaflüchtlingen ist geklärt. Erst seit Kurzem liegt ein Urteil des UNO-Gerichtshofes in einem Präzedenzfall vor.

Ioane Teitiota aus Kiribati, einem Inselstaat im Pazifik, klagte im Jahr 2015 gegen die Ausweisung seiner Familie aus Neuseeland. Der Meeresspiegel in seiner Heimat würde steigen, argumentierte er, die Ackerflächen schrumpfen, das Trinkwasser sei mit Salz kontaminiert und die Insel sei damit insgesamt unbewohnbar. Das Gericht lehnte seinen Fall zwar ab, mit der Begründung, dass es auf Kiribati ausreichend Schutzmechanismen gäbe. Doch der Fall setzt neue Standards.

## GOLFSTROM

Der Golfstrom transportiert warmes Wasser aus der Karibik nach Europa. Deshalb sind zum Beispiel die Winter in Nordeuropa weitaus milder als auf den vergleichbaren Breitengraden Nordamerikas. Die Palmen an der britischen Südküste wären ohne Golfstrom nicht denkbar. Ohne ihn wären England und Deutschland vermutlich so kalt wie Neufundland. Die Energie, die hier transportiert wird, ist beeindruckend. Der Golfstrom bewegt zwischen 30 und 150

Millionen Kubikmeter Wasser pro Sekunde mit einer Geschwindigkeit von zirka zwei Metern pro Sekunde. Das ist um einen Faktor Hundert mehr Wasser als alle Flüsse der Welt zusammen transportieren. Seine Energie entspricht einer Leistung von etwa 1 500 000 000 000 000 Watt. Dies entspricht ungefähr einer Million Kernkraftwerken, die etwa je ein Gigawatt Leistung haben.

Der Golfstrom ist Teil eines riesigen, Globus-umspannenden Zirkulationsstroms von Meeresströmungen, die durch einen relativ komplizierten Mechanismus aufrechterhalten werden. Dieser hat unter anderem mit der unterschiedlichen Salzkonzentration im Wasser zu tun. Wasser im Nordatlantik wird durch Eisbildung salzhaltiger, somit schwerer, und sinkt ab. Das absinkende Wasser startet einen kalten Tiefenstrom, der letzlich erst im Pazifik wieder auftaucht und dort als Oberflächenstrom umkehrt, an Südafrika vorbei in die Karibik gelangt und von dort als Golfstrom wieder in den Nordatlantik. Ein Förderband. Bereits vor der Jahrtausendwende sagte das renommierte bereits erwähnte *Potsdam Institut für Klimaforschung* voraus, dass sich der Golfstrom als Folge des globalen Klimawandels abschwächen und im schlimmsten Fall sogar ganz zum Stillstand kommen könnte. Wenn in Grönland so viel Eis – also Süßwasser – schmilzt, dass dadurch der Salzgehalt im Meer merklich sinkt, würde weniger kaltes Wasser absinken. Das Förderband Golfstrom könnte sich dadurch verlangsamen.

Aber nicht nur die globalen Zirkulationsströme sind durch das Abschmelzen von Grönlandeis betroffen. Ihre

Veränderungen sind vermutlich mit dem teilweisen Absterben des Amazonas-Regenwaldes rückgekoppelt. Und mit dem weiteren Abschmelzen von antarktischem Eis[32].

## AMAZONAS-REGENWALD

Der Atlantik bringt Feuchtigkeit in das östliche Amazonasgebiet. Dort regnet sie ab, sickert in den Boden, gelangt in die Vegetation, wird dort verdunstet, gelangt wieder in die Atmosphäre und regnet erneut ab. Sechs bis sieben Mal regnet dasselbe Wassermolekül im Amazonasbecken ab, auf seiner Reise westwärts quer über den Kontinent. Der Amazonas-Regenwald macht also viel von seinem Regen selbst.

Wenn Dürre, Abholzung und Waldbrände den Waldbestand und damit auch andere Vegetation reduzieren, dann regnet es auch weniger und der Waldbestand verringert sich weiter. Er wird durch höhere Trockenheit auch anfälliger für Waldbrände. Es ist ein weiterer, sich selbst-verstärkender Kreislauf, der sich in die falsche Richtung dreht. Der Amazonas-Regenwald würde sich allmählich in eine Savanne verwandeln.

Die brasilianischen Forscher Carlos Nobre und Thomas Lovejoy versuchten, den entsprechenden *Tipping Point* für dieses Phänomen mittels Computer-Simulationen zu bestimmen. Ihr Resultat: Würden weitere zwanzig Prozent des Regenwaldes verschwinden, wäre die Transformation in eine Savanne unumkehrbar. Mit traurigen Folgen für die Artenvielfalt auf dem Planeten, denn nirgendwo auf der Welt ist sie so groß wie im Amazonas-Regenwald. Und mit der Konsequenz eines weiteren Anstieges des $CO_2$ der Atmosphäre. Denn mit der Brandrodung würden Milliarden von Tonnen $CO_2$ frei werden, was seinerseits wieder die Temperaturerhöhung weiter beschleunigen würde. Ein weiterer selbst-verstärkender Kreislauf.

Jährlich verschwinden in Brasilien etwa 10.000 der insgesamt 5,5 Millionen Quadratkilometer Regenwald, 2019 tobten dort fast 100.000 Waldbrände. Seit 1970 verschwanden bereits zwanzig Prozent der damaligen Fläche des Waldes. Carlos Nobre warnt, dass mit der gegenwärtigen Geschwindigkeit der Abholzung, die unter dem rechtspopulistischen Präsidenten Jair Bolsonaro wieder an Fahrt aufnimmt, der *Tipping Point* in den nächsten zwanzig bis dreißig Jahren erreicht werden könnte. Der Amazonas-Regenwald wäre dann Geschichte.

## PERMAFROSTBÖDEN

Permafrostböden sind die in Sibirien, Grönland und im Norden des amerikanischen Kontinents gelegenen Bodenflächen, die dauerhaft gefroren sind, weil die Jahresdurchschnittstemperaturen unterhalb von null Grad Celsius liegen. In diesen Böden ist Kohlenstoff in großen Mengen gespeichert, man schätzt ungefähr 1500 Gigatonnen, was etwa dem Doppelten des gesamten Kohlenstoffs in der Erdatmosphäre entspricht – derzeit rund 800 Gigatonnen.

Tauen Permafrostböden in Folge der Klimaerwärmung auf, geben sie diesen Kohlenstoff in Form von $CO_2$ und Methan ab. Methan ist als Treibhausgas ungefähr 25 Mal so schädlich wie $CO_2$. Auch hier handelt es sich wieder um einen selbst-verstärkenden Prozess. Je höher die Temperatur, umso mehr Boden taut auf, umso mehr Treibhausgas kommt in die Atmosphäre und umso wärmer wird es.

## OZEANE

Ozeane sind riesige Energie- und $CO_2$-Speicher. Sie nehmen viel der überschüssigen Sonneneinstrahlungswärme auf, die durch die Treibhausgase entsteht. In den vergangenen fünfzig Jahren haben sie neunzig Prozent dieser Wärme absorbiert. In den nächsten achtzig Jahren werden sie noch einmal viermal so viel Energie aufnehmen wie bisher, wenn die Klimaerwärmung bei zwei Grad bleibt. Die Weltmeere werden dementsprechend stetig wärmer, ein Wärmerekord jagt den nächsten[33].

Seit 2000 wurden die Ozeane um ein Zehntel Grad wärmer. Am stärksten erwärmt sich der Nordatlantik, mit Folgen für das Wetter in Europa und Nordamerika.

Durch die Erwärmung der Ozeane kommen viele Tierarten unter Druck. Sie weichen aus und bewegen sich in Richtung kühlerer Gewässer im Norden und Süden der Erdkugel. Fachleute schätzen, dass dies mit einer Geschwindigkeit von ungefähr fünfzig Kilometer pro Jahrzehnt geschieht. Das hat zur Folge, dass sich Fischbestände in wärmeren Regionen reduzieren mit dementsprechenden Konsequenzen für die Fischerei, die die Lebensgrundlage vieler Millionen Menschen bildet.

Die Ozeane sind aber auch die wichtigsten Sauerstoffversorger des Planeten. Neunzig Prozent des $CO_2$-Kreislaufs geht über die Meere. Sie nehmen $CO_2$ auf, Plankton, Algen und anderen Pflanzen produzieren Biomasse und binden so Kohlenstoff. Als »Abfallprodukt« geben sie Sauerstoff ab. Die Hälfte des Sauerstoffs in der Atmosphäre wird so bereitgestellt. Die Biomassenproduktion hat laut Bericht des Weltklimarates von 2019 allerdings bereits abgenommen.

## KORALLEN

Löst man $CO_2$ in Wasser, entsteht Kohlensäure. Mit der zunehmenden Aufnahme von $CO_2$ versauern die Meere. Bis zum Jahr 2100 könnte laut Weltklimarat der pH-Wert von derzeit zirka 8 auf etwa 7,7 sinken. Das, in Kombination mit wärmeren Wassertemperaturen und geringeren Sauerstoffmengen, hat wieder Folgen für die Meeresbiologie. Warmwasserkorallen zum Beispiel drohen zu verschwinden. Mit ihnen ein unfassbar reiches Ökosystem. Und das bereits bei einer Erwärmung von weniger als zwei Grad Celsius. Bereits zwanzig Prozent aller Riffe sind verschwunden, fünfzig Prozent akut gefährdet.

Auch in den Ozeanen gibt es eine Reihe von selbst-verstärkenden Mechanismen, welche die Erderwärmung beschleunigen. Zum Beispiel steigt mit wärmeren Ozeanen auch die Menge des Wasserdampfes, der auch ein effektives Treibhausgas darstellt. Je wärmer die Ozeane, desto mehr Wasserdampf, desto höher die Temperaturen.

Die hier beschriebenen Gefahren der Klimakrise sind stark vereinfacht dargestellt. Betrachtet man sie im Detail, sind viele von ihnen weitaus komplizierter und komplexer. Es bestehen weitaus mehr Rückkopplungsschleifen als hier erwähnt, sowie auch Effekte, die den hier beschriebenen Phänomenen entgegenwirken. In komplexen Systemen sind auch diese ernst zu nehmen, und dürfen nicht übersehen werden, denn sie könnten auf die eine oder andere Weise systementscheidend sein, obwohl sie heute noch gar nicht auf dem Radar sind.

## WIE GROSS IST DIE KAPAZITÄT DER WELT?

1798 hielt Thomas Malthus seine Meinung fest, dass die Erde nicht unbegrenzt bevölkert werden könne. Die Erde würde auf jeden Fall das Wachstum der Weltbevölkerung beschränken. Heute ist das logisch, damals war es ein revolutionärer Gedanke. Die *Carrying Capacity*, oder die ökologische »Tragfähigkeit«, wie sie auch genannt wird, ist die maximale Größe der Bevölkerung, die in einer vorgegebenen Umwelt mit einer zur Verfügung stehenden Menge an Nahrung, sauberem Wasser, Luft, Unterkunft und anderen Ressourcen nachhaltig, also über einen längeren Zeitraum hinweg, überleben kann. Bildlich gesprochen ist es die maximale »Last« an Menschen, die das Ökosystem Erde tragen kann.

Die Bevölkerung wächst über die Zeit hinweg solange an, bis die *Carrying Capacity* erreicht ist. Unterhalb der Tragfähigkeit können weitere Menschen ernährt und versorgt werden, oberhalb würden Menschen vermehrt sterben. So ist das in der Biologie. Das Sinken der *Carrying Capacity* bedeutet den unmittelbaren Rückgang der Weltbevölkerung. Ein Rückgang der *Carrying Capacity* um zehn Prozent würde das mittelfristige Verschwinden von knapp einer Milliarde Menschen bedeuten.

Die Vereinten Nationen gaben in einem Bericht im Jahr 2001 an, dass die *Carrying Capacity* bei vier bis 16 Milliarden Menschen liegt. Sie hängt zu einem großen Teil von den gegenwärtigen technischen Entwicklungen ab. Im 18. Jahrhundert lag die *Carrying Capacity* bei etwa einer Milliarde Menschen, mehr wären mit den damaligen Methoden der Landwirtschaft nicht zu ernähren gewesen. Heute sind es, dank der Erfindung des Kunstdüngers und der industriellen Landwirtschaft, deutlich mehr, und möglicherweise könnten es auch mehr als acht Milliarden sein.

Die *Carrying Capacity* hängt außerdem von der Verfügbarkeit von sauberem Wasser, sauberer Luft, moderaten Temperaturen und bewohnbarem Lebensraum ab. Die Klimakrise bedroht all diese Faktoren – gleichzeitig.

Die Erwärmung kann in Teilen der Welt zu Temperaturen führen, die für Menschen nicht mehr erträglich sind. Die maximale überlebbare Temperatur liegt bei 35 Grad Celsius, gemessen in der sogenannten *Wet-bulp*-Temperatur, die auch die Luftfeuchtigkeit mitberücksichtigt. Gegen Ende unseres Jahrhunderts könnten diese Temperaturen an mehreren Orten erreicht und überschritten sein, was Teile Südasiens und Indiens unbewohnbar machen würde[34].

Die Zerstörung von landwirtschaftlichen Böden, Überfischung, Artensterben und Migration von Spezies in den Meeren könnten die Nahrungsmittelproduktion reduzieren und mit ihr die Carrying Capacity. Steigende Meeresspiegel und Hitze schränken Lebensräume ein. Dürren bedrohen die Bewässerung und Überlebensfähigkeit von Landwirtschaft und Vegetation, die Wasser bindet. Selbst in wasserreichen Regionen wie den Alpen sind das realistische Szenarien, die in den nächsten Jahren Wirklichkeit werden könnten, und deren erste Anzeichen wir in den zunehmenden extremen Wetterschwankungen sehen.

Die Gefährdung der Ernährung durch eine unter Druck geratende Landwirtschaft hat sozio-ökonomische Folgen, die nicht nur die Wirtschaft, sondern auch den sozialen Frieden unmittelbar bedrohen. Verknappte Nahrungsmittel bedingen Verteilungskämpfe und, wie wir aus der Geschichte wissen, politische Umstürze. Eine mögliche Folge ist der Zerfall der Zivilgesellschaft. Davon mehr im nächsten Kapitel.

## EINFACHE URSACHE – KOMPLEXES PROBLEM

So komplex die Zusammenhänge und Auswirkungen der Klimakrise sind, so einfach ist ihre Ursache: $CO_2$. Woher kommt es?

Das fossile $CO_2$ kommt daher, dass unsere Wirtschaft auf dem Verbrennen von fossilen Brennstoffen aufgebaut ist. Die ungeheure Weltwirtschaftsleistung, die wir in den vergangenen 300 Jahren aufgebaut haben, basiert zu einem großen Teil auf der Verwendung von Wärmekraftmaschinen, die den Menschen körperliche Arbeit abnehmen und die Kräfte des Homo Sapiens um ein Vielfaches verstärken. Diese Maschinen brauchen Energie und die kommt nach wie vor zum Großteil aus fossilen Brennstoffen. Wir verbrennen sie zur Erzeugung von Rohstoffen, für Transport und Verkehr, für die Landwirtschaft und die Produktion von Lebensmitteln, für die Herstellung und Erhaltung von Infrastruktur und die Produktion von Konsumgütern sowie für Heizung und Kühlung.

Fossile Brennstoffe wie Erdöl, Erdgas oder Kohle sind Abbauprodukte von toten Pflanzen und Tieren aus geologischer Vorzeit. Sie sind in Form von transformierter Biomasse gespeicherte Sonnenenergie von vielen Millionen Jahren. Wenn diese Energie, die über Millionen Jahre entstanden ist, im Laufe von wenigen Jahrhunderten freigesetzt wird, führt das zu einer Reihe von Ungleichgewichten, deren Folgen wir jetzt als Klimakrise erleben.

Kohlenstoff, der in den Brennstoffen gespeichert ist, wird durch Verbrennung zu $CO_2$. Wenn ein Kilogramm Brennstoff wie Methan, Benzin oder Kohle verbrennt, entstehen zwischen 2,7 und 3,7 Kilogramm $CO_2$. Derzeit stoßen wir zirka 35 Gigatonnen $CO_2$ pro Jahr aus. Seit Beginn der Industrialisierung hat die Menschheit mehr als 530 Gigatonnen Kohlenstoff verbrannt, von dem sich etwa die

Hälfte in der Atmosphäre und der Rest zu einem Gutteil in den Ozeanen befindet.

Der Weltenergieverbrauch ist nach wie vor vollkommen dominiert von fossiler Energie. Im Jahr 2018 waren 85 Prozent der Primärenergie fossiler Herkunft, nur elf Prozent kamen aus erneuerbaren Quellen wie Solar, Wind, Geothermie und Gezeiten (zusammen vier Prozent) und Wasserkraft (sieben Prozent). Weitere vier Prozent kamen aus der Nuklearenergie. Die weltweite Zunahme des Energieverbrauches liegt derzeit bei etwa drei Prozent im Jahr. Sie wird hauptsächlich von asiatischen Ländern getrieben. Daran ändert auch nichts, dass einige Länder wie Kalifornien, Norwegen oder Österreich den Plan verfolgen, ihre Stromerzeugung in den kommenden Jahren vollständig auf erneuerbare Energien umzustellen.

Wir verbinden mit dem ökologischen $CO_2$-Fußabdruck meistens Verkehr, Flugreisen oder Heizung. Diese Faktoren spielen auch tatsächlich eine große Rolle.

Der Flugverkehr verursachte 2018 mit etwa 0,9 Gigatonnen 2,5 Prozent der globalen $CO_2$-Emissionen. Achtzig Prozent davon betrafen Personenreisen, der Rest war Fracht.

Der Autoverkehr macht in Deutschland etwa zwanzig Prozent der $CO_2$-Emissionen aus, weltweit ist der Anteil des Autoverkehrs natürlich geringer. Die globale Schifffahrt trägt etwa 2,5 Prozent bei.

Weltweit verursacht der Transport etwa 15 Prozent der Treibhausgase und 95 Prozent der hierfür aufgewendeten Energie kommt aus Erdöl. Emissionen von Haushalten, etwa durch Heizen und Kochen, machen etwa sechs Prozent aus, Emissionen zur Produktion von elektrischer Energie nicht mitgerechnet.

Für kommerzielle Unternehmungen kommen weitere fünf Prozent dazu, und auch der $CO_2$-Fußabdruck des Internets ist ein Faktor, der zunehmend relevant wird. Mehr als vier Milliarden Menschen benutzen das Internet. Die dafür notwendige Energie trägt, manchen Studien zufolge, zwischen 1,7 und 3,7 Prozent zu den globalen $CO_2$-Emissionen bei[35], also etwas mehr als die Klimabelastung aller Flugreisen. Alles bisher genannte zusammen macht aber nur etwa die Hälfte der anfallenden Emissionen aus. Woher kommt die andere Hälfte? Sie entsteht vorwiegend durch die Produktion von elektrischer Energie (dreißig Prozent) sowie die Förderung von Rohstoffen und die Landwirtschaft (elf Prozent). Der verbleibende Anteil kommt von der Industrie.

## URSACHE INFRASTRUKTUR

Ein oft unterschätzter Faktor bei den Emissionen ist die Rolle der Infrastruktur. Zur Infrastruktur gehören nicht nur der Bau von Straßen, Autobahnen, Flughäfen, Bahntrassen, Kanälen oder Häfen, sondern auch der Bau von Städten, Wasserleitungen, Bergwerken, Schottergruben, Pipelines und Kraftwerken. All das erfordert Zement und Stahl, und zwar nicht nur bei der Errichtung, sondern – und das wird oft übersehen – auch bei der Instandhaltung.

Ein Hochofen eines Stahlwerkes stößt so viele Schadstoffe aus, dass er die Klima-Bilanz eines ganzen (kleinen) Landes spürbar beeinflussen kann. Als im Jahr 2018 die Schadstoff-Emissionen in Österreich um 3,8 Prozent zurückgingen, spielte dabei ein Wartungsstillstand bei einem Hochofen des oberösterreichischen Stahlwerkes *Voestalpine* eine entscheidende Rolle[36].

Die Emissionen durch Infrastruktur wären selbst dann ein Faktor für den Klimawandel, wenn wir sie nicht weiter ausbauen würden. Wir denken fälschlicherweise oft, dass Infrastruktur, wenn einmal gebaut, keine Klimabelastung mehr darstellt. Tatsächlich erneuern wir Autobahnen und praktisch jede andere Infrastruktur im Zuge von Instandhaltungsarbeiten alle paar Jahrzehnte. All das verbraucht jede Menge Zement, Stahl und andere Güter. Die dazugehörigen Emissionen sind gigantisch. Etwa 180 Kilogramm $CO_2$ fallen pro Tonne Infrastrukturmaterial, bei dem Zement und Stahl eine entscheidende Rolle spielen, an[37]. Etwa ein Viertel aller $CO_2$-Emissionen entfallen auf die Erzeugung und Erhaltung von Infrastruktur.

Auch beim Thema Infrastruktur gibt es einen sich selbstverstärkenden Mechanismus: Infrastruktur schafft mehr Infrastruktur. Je mehr Infrastruktur gebaut wird, zum Beispiel eine Straße, umso mehr Verkehr entsteht, umso mehr Aktivität findet in einer Region statt, umso mehr Nachfrage nach weiteren Straßen und wirtschaftlicher Infrastruktur entsteht.

Das größte jemals in Angriff genommene Infrastrukturprojekt ist die neue Seidenstraße oder die sogenannte *One-*

*Belt, One-Road*-Initiative. Das von China 2013 initiierte Projekt sieht den Bau neuer Land-Verkehrswege durch Asien vor, die sowohl Europa als auch Nordostafrika mit China verbinden werden. Die neue Seidenstraße könnte aufgrund ihrer Dimension nach heutigen Schätzungen etwa sechzig Prozent der Weltbevölkerung betreffen, 35 Prozent des Welthandels könnten zukünftig über sie abgewickelt werden. Da die neuen Verkehrswege größtenteils über Land gehen, bricht diese Initiative die Vormachtstellung der USA bei der Kontrolle der Seehandelswege, die heute noch den globalen Warenaustausch bestimmen. Wie viele Tonnen Infrastrukturmaterial dafür benötigt werden und wie viele Tonnen $CO_2$ damit in die Atmosphäre gelangen werden, ist unfassbar.

Andere globale Trends sind ebenso besorgniserregend. Während die meisten EU-Staaten und die USA viele ihrer großen Infrastrukturprojekte abgeschlossen haben und nicht in großem Stil weiter ausbauen, sondern sich auf deren Erhaltung beschränken, geht es in China, Indien und afrikanischen Staaten gerade erst los. Aufgrund der demografischen Entwicklungen und der gegenwärtigen hohen globalen Urbanisierungsrate vor allem in den nichtindustrialisierten Staaten wird sich die Anzahl der Menschen, die in Städten leben, in den kommenden achtzig Jahren etwa verdoppeln[38]. Das heißt, dass städtische Infrastruktur für etwa vier Milliarden Menschen geschaffen werden muss. Darin besteht nicht nur eine massive Gefahr für eine weitere Verschärfung der Klimakrise, sondern es birgt auch ein anderes, besonders trauriges Dilemma.

## MENSCHENRECHTE ODER SCHUTZ DES PLANETEN

Wenn etwa ein Viertel aller $CO_2$-Emissionen aus Infra-strukturprojekten kommen, ist es unmöglich, menschen-würdige Infrastruktur für einen Großteil der Menschen in der nichtindustrialisierten Welt zu schaffen, ohne da-bei das Klima des Planeten restlos aufs Spiel zu setzen. Menschen in Südasien und Afrika haben jedoch ein Recht auf menschenwürdige Lebensbedingungen. Sie brauchen Kanäle, Straßen, Eisen- und U-Bahnen, Flughäfen und Städte in ungeheurem Ausmaß. Ohne Zement und Stahl geht das nicht, und diese basieren nach wie vor auf fossi-ler Energie. Auch wenn an alternativen Bau- und Produk-tionsmethoden und nachhaltigen und erneuerbaren Ma-terialien geforscht wird – mit zum Teil schönen Erfolgen –, der große Trend geht derzeit noch massiv in die falsche Richtung.

Warum nicht einfach auf fossile Energie verzichten? In der EU sinken die $CO_2$-Emissionen seit den 1980er-Jahren, in den USA seit den 2000ern. Diese Angaben sind aller-dings nur ein Teil der Wahrheit, denn die $CO_2$-Belastung vieler Güter, die in anderen Regionen für Europa und die USA erzeugt werden, müssten ebenfalls der EU und den USA zugerechnet werden. Im Rest der Welt steigen die $CO_2$-Emissionen nach wie vor aus den genannten Gründen – und im Besonderen durch den derzeitigen Nachholbedarf an Infrastruktur in der weniger industrialisierten Welt.

Würden wir die Verbrennung der fossilen Energie zum jetzigen Zeitpunkt einstellen, was wir in Anbetracht der

Klimakrise eigentlich tun sollten, würde einiges passieren. Zunächst einmal würde die Wirtschaft ihren Motor massiv drosseln. Mit Mobilität, also mit Autofahren und Fernreisen wäre Schluss, ebenso mit der Instandhaltung von Infrastruktur. Schluss wäre auch mit neuen Bahntrassen, und mit sehr vielen Arbeitsplätzen. Damit dann auch mit Steuereinnahmen und vielleicht dem Sozialstaat. Heizungen bleiben kalt. Schluss wäre vermutlich auch mit den Förderungen für die wissenschaftliche Entwicklung von Alternativen für fossile Brennstoffe. Eine Reihe von miteinander verwobenen Netzwerken, die allesamt notwendig sind, um unser gegenwärtiges Leben zu leben, würde innerhalb kurzer Zeit unter massiven Druck geraten. Sie würden vielleicht an wirtschaftliche *Tipping Points* geraten, nicht unähnlich den *Tipping Points* der verkoppelten Phänomene im Klimageschehen. Würden wir den Energiehahn plötzlich abdrehen, wäre es so, als würden wir unserer Gesellschaft die Luft abdrehen. Unser sozio-ökonomisches System würde ersticken. Und das darf genauso wenig geschehen wie die Klimakatastrophe.

## WARUM IST VERÄNDERUNG SO SCHWER?

Die notwendigen Veränderungen müssen graduell stattfinden, damit sich die zugrundeliegenden sozio-ökonomischen Netzwerke anpassen können. Diese müssen sich simultan so umgestalten, dass sie weder selbst kollabieren noch andere Systeme in den Kollaps reißen.

Extreme Vorsicht ist geboten. Die notwendigen Veränderungen, nämlich, dass Knoten (Menschen, Firmen, Industrie) weniger $CO_2$ beziehungsweise gar kein fossiles $CO_2$ mehr produzieren, müssen unter zwei Rahmenbedingungen stattfinden. Zum einen müssen die sozio-ökonomischen Netzwerke gleich effizient bleiben, damit keine Verschlechterung des Lebensstandards eintritt und gesellschaftliche Akzeptanz überhaupt möglich ist. Die andere Bedingung ist, dass zurzeit knapp acht Milliarden Menschen auf dem Planeten leben, von denen niemand zurückgelassen werden darf. Die Veränderungen müssen also imstande sein, alle mitzunehmen.

Um die wirtschaftlichen und sozialen Netzwerke $CO_2$-neutral umzugestalten, sind sowohl massive technische als auch mentale Fortschritte und Veränderungen notwendig.

## RETTET UNS DER TECHNISCHE FORTSCHRITT?

Die drei technischen Lösungen, die immer wieder diskutiert werden und die sich viele wünschen, sind: der Fusionsreaktor, die Feststoffbatterien und das Fleisch aus dem Labor.

Der Fusionsreaktor, der mit etwas schwerem Wasser betrieben wird und der keine langlebige Radioaktivität produziert, könnte praktisch ohne Nebenwirkungen Energie für Millionen von Jahren erzeugen. Er produziert keine Treibhausgase. Der Nachteil dieses Reaktortyps sind die technischen Probleme bei seiner Realisierung, die so gravierend sind, dass seine Inbetriebnahme scheinbar immer dreißig Jahre in der Zukunft liegt. Bei allen Fortschritten in der Forschung ist es bisher noch nie gelungen, mehr Energie aus dem Reaktor herauszuholen, als in ihn hineingesteckt werden muss, um die Kernfusion – das Zusammenschmelzen von Atomkernen – zu starten. Der Rekord liegt derzeit bei einem Faktor: »Energie raus zu Energie rein« von 0.67. Drei Energie-Einheiten müssen also hineingesteckt werden, damit zwei herauskommen.

Das ehrgeizigste Projekt eines Fusionsreaktors mit Namen ITER in Frankreich kündigt für 2025 einen Faktor zehn an. Es soll dann also zehn Mal mehr Energie herauskommen als hineinfließt. Man wird sehen. Die volle Leistung soll ITER 2035 bringen. Der Reaktor ist aber nicht konzipiert, um Strom ans Netz zu liefern. Das wird nochmals um einiges länger dauern. Allerdings ist allein die halbwegs realistische Aussicht, das fundamentale Problem der kontrollierten Kernfusion nach fast hundert Jahren Forschung zu lösen, um damit das Energie- und Emissionsproblem ein für alle Mal beiseitelegen zu können, schlichtweg fantastisch.

Die nächste Generation von Akkus bringt uns eventuell einer technischen Lösung für die emissionsfreie Mobilität näher. Dass im Bereich Elektromobilität bereits echte Erfolge zu erzielen sind, macht Norwegen vor. Im ersten Halbjahr 2020 waren die Hälfte aller Neuzulassungen Elektroautos. Für 2025 strebt man dort das Verbot aller Verbrennungsautos an – und dieses Ziel ist erreichbar.

Fleisch aus dem Labor, oder in-vitro Fleisch, ist eine vielversprechende Entwicklung, um die Ineffizienzen in der

Fleischerzeugung zu eliminieren. In den letzten fünfzig Jahren hat sich der Fleischkonsum weltweit etwa vervierfacht. Für den Zeitraum von 2000 bis 2050 geht man von einer weiteren Verdopplung aus. Die für den Fleischkonsum notwendigen Flächen sind enorm. Etwa ein Viertel der Erdoberfläche wird zur Tierhaltung und zum Anbau von Futtermitteln verwendet. Die EU importiert Futtermittel, meist Soja aus Südamerika, von geschätzten 30 Millionen Hektar Anbaufläche. Das ist die Fläche der Niederlande, Portugals, Dänemarks und Ungarns zusammen.

Der Jahresfleischverbrauch eines Mitteleuropäers entspricht etwa tausend Quadratmetern Fläche, für den Kartoffelverbrauch sind es nur 15 Quadratmeter. Würden wir die Futtermittel, die für die Tierproduktion benötigt werden, in entsprechend verfeinerter Form direkt konsumieren, würde das die Emissionen in der Landwirtschaft drastisch reduzieren. Emissionen, Massentierhaltung, globaler Viehtransport, Seuchengefahr, das Leid der Tiere und vor allem die große energetische Ineffizienz in der Fleischproduktion sind gute Gründe zu versuchen, Fleisch direkt im Labor zu erzeugen. Weltweit versuchen zahlreiche Startups, Laborfleisch in den kommenden Jahren auf den Markt zu bringen.

Technische Lösungen, wie das $CO_2$ direkt aus der Luft zu filtern, die sogenannte *Direct Air Capture*, oder künstliche Bäume sind auch am Radar. Das so gewonnene $CO_2$ könnte entweder in der Landwirtschaft für den Aufbau von Biomasse verwendet oder in sichere Depots gebracht werden. Die gegenwärtigen Anlagen schaffen heute etwa eine bis drei Tonnen $CO_2$ pro Tag, die Kosten belaufen sich auf hundert bis tausend Euro pro Tonne. Die Technologie steckt also noch in den Kinderschuhen und ihr großflächiger Einsatz ist wohl noch in weiter Ferne.

## MENTALE FORTSCHRITTE

Technische Lösungen alleine werden nicht ausreichen. Um die fossilen Emissionen in den nächsten Jahren auf das notwendige Maß zu reduzieren, braucht es vor allem mentale Veränderungen in den Knotenpunkten der sozio-ökonomischen Netzwerke. Diese Änderungen bewirken anderes Verhalten. Und wie wir aus Kapitel drei wissen, verändertes Verhalten ändert Netzwerke. Andere sozio-ökonomische Netzwerke haben einen anderen $CO_2$-Fußabdruck und andere Netzwerke bewirken wiederum anderes Verhalten.

Angesichts der Klimakrise brauchen wir bessere Möglichkeiten, unseren Selbstwert als Individuen nicht durch $CO_2$-produzierende Aktivitäten wie das Fahren von schweren Autos mit Verbrennungsmotoren, das Vielfliegen oder das Urlauben auf Kreuzfahrtschiffen definieren zu müssen. Im Gegenteil, eine schrittweise Ächtung der fossilen Kultur wäre wünschenswert, welche die notwendigen Änderungen und ihre Konsequenzen mental vorbereiten würde.

Solche mentalen Veränderungen und damit zusammenhängende Verhaltensänderungen im Konsumverhalten müssen allerdings in vielen Millionen Knotenpunkten simultan stattfinden, andernfalls wird sich dafür kein Konsens finden lassen und es wird keine Akzeptanz für die notwendigen Schritte geben. Wie soll man so viele Menschen überzeugen? Und wie diejenigen, die einen Nachholbedarf an Infrastruktur haben, oder die, die noch nie ein Auto besessen haben und davon träumen? Angstmache und Horrorszenarien, auch wenn sie noch so real sind, reichen da vermutlich nicht aus.

## POSITIVE TIPPING POINTS – KOLLAPS DER CARBO-NETZWERKE

Wir können uns also nicht einfach neu erfinden, umorganisieren und den fossilen Energiehahn abdrehen. Der Fluch der Netzwerke hindert uns daran. Wir wollen einfach nicht, dass, während wir ökologische Netzwerke schützen, wirtschaftliche und soziale kollabieren und Massenarbeitslosigkeit, soziale Unruhen, Armut und politisches Chaos die absehbaren Folgen wären. Man könnte aber den Segen der Netzwerke zur positiven Veränderung nutzen. Mit allmählicher Veränderung der Einstellung vieler einzelner Knoten in den Köpfen der Menschen und Institutionen und der Art und Weise, wie sie beginnen, andere Links zu etablieren, ist es möglich, die fossile Kultur an einen »positiven« *Tipping Point* heranzuführen. Und zwar so, dass sie verschwindet, indem sich durch die Resilienz unserer Gesellschaft neue wirtschaftliche Netzwerke bilden, die eine emissionsfreie Zukunft ermöglichen.

Wird dieser *Tipping Point* erreicht, kann alles schnell gehen, und die Energiewende kann gelingen. Anzeichen, dass dieser Prozess längst begonnen hat und in Fahrt kommt, gibt es genügend. Eine Vielzahl von Menschen, Unternehmen, Institutionen, NGOs und politischen Parteien beginnen, sich – über bloße Rhetorik hinaus – ernsthaft mit dem Thema zu beschäftigen. Die ständig steigenden Zahlen an VegetarierInnen, VeganerInnen und RadfahrerInnen sind ebenfalls Belege für diesen Prozess. Auch die nächste Generation scheint das Thema wirklich ernst zu nehmen.

Könnten Regierungen die notwendigen Veränderungen auch autoritär und Top-down verordnen? Glauben wir daran, dass sie einen funktionierenden Plan haben und die notwendigen Änderungen tatsächlich managen können? Ist westlich geprägte europäische Politik stark genug, die notwendigen Änderungen gegen die Interessen der Industrie und weite Teile der Bevölkerung durchzuziehen? Wohl kaum.

Regierungen vertreten nicht nur die Bürger, die die großen Weltprobleme sehen und ernst nehmen, sie vertreten auch die Arbeitgeber und Arbeitnehmer, die unsere Gesellschaft mit dem wirtschaftlichen Überschuss, den sie gemeinsam produzieren, so reich, vielfältig und frei machen, wie sie ist. Sobald die mentalen Veränderungen bei genügend vielen um sich gegriffen haben, wird aber auch die Politik selbst-verstärkend eingreifen, und die Veränderungen managen.

Je mehr Menschen an die Notwendigkeit der Veränderung glauben, umso mehr muss ihre Umgebung in den sozialen Netzwerken dem auch Rechnung tragen und umso mehr werden deshalb ebenfalls an die Notwendigkeit glauben. Wenn sich die Einstellung von vielen gleichzeitig ändert, können sich auch wirtschaftliche Netzwerke schlagartig ändern. Dass dies möglich ist, haben wir am Beispiel der Bekämpfung des Ozonlochs durch das Verbot der FCKWs, oder des sauren Regens mit der Einführung des Katalysators und den Schwefelfiltern für die Industrie gesehen. Zugegeben, das waren einfache Probleme. Aber dennoch: mentale und technische Lösungen in Kombination. Leider gibt es zu den notwendigen Netzwerk-basierten Veränderungen kein wissenschaftliches Patentrezept. Wir kennen die Zusammenhänge zwischen den ökologischen und den Wirtschaftsnetzwerken dafür noch nicht gut genug. Würde man zum Beispiel das Zuliefernetzwerk der globalen Wirtschaft genau kennen, könnte man mit Simulationen abschätzen, welche Veränderungen im Wirtschaftsgeschehen zu erwarten wären, wenn bestimmte Regulationsmaßnahmen wie etwa $CO_2$-Steuern global eingeführt würden.

## KOMMT DIE TRAGÖDIE?

Unsere Gesellschaft verhält sich kollektiv gesehen noch so, als gäbe es in der Klimakrise weder *Tipping Points* noch Unumkehrbarkeit. Gäbe es beides tatsächlich nicht, hätten wir auch kein Problem. Dann hätten wir immer einen Ausweg. Wir könnten zum Beispiel akzeptieren, dass wir derzeit etwas zu viel Wald abholzen und uns darauf einigen, dass wir irgendwann damit aufhören und mit der Aufforstung beginnen. Alles kommt wieder ins alte Gleichgewicht. Der Punkt, an dem wir mit unserem schädlichen Verhalten aufhören, wäre dann durch die Schmerzgrenze in Sachen Klimawandel bestimmt. Sobald sie erreicht ist, korrigieren wir unsere Fehler und alles wird wieder gut. Nur, so funktioniert es eben nicht. Lange, bevor die Schmerzgrenze erreicht ist, erreichen wir die *Tipping Points*. Ab diesem Zeitpunkt bekommen wir den Geist nicht mehr in die Flasche zurück, selbst wenn wir uns noch so sehr bemühen. Wir sind dann nur noch Passagiere, die in einem abstürzenden Flugzeug versuchen, sich gut festzuhalten.

Ich glaube nicht an die kollektive Vernunft der Menschen. Dass sie aus freien Stücken und aus Überzeugung ihr Verhalten so ändern werden, dass Treibhausgase in genügendem Maße vermieden werden können, also Auto und Fernreisen aufgeben, den Konsum einschränken, Fleischkonsum reduzieren und so weiter. Ich glaube auch nicht, dass man in Europa Verhaltensänderungen verordnen kann und sollte. In diesem Fall ginge die Zivilgesellschaft kaputt, was eine Katastrophe ähnlichen Ausmaßes wäre wie die Klimakrise selbst. Davon mehr im nächsten Kapitel.

Der Grund, weshalb ich Hoffnung habe, besteht darin, dass wir als Menschheit erstaunlich kreativ sind und wir technische Lösungen finden können. Der Homo Sapiens, mit seinen Wissenschaftlern und Technikern, hat es seit Beginn der Neuzeit immer wieder geschafft, sich mit einer Flucht nach vorne mit technischen Lösungen aus seinen selbst-verschuldeten Problemen zu retten. Und mit seinen Denkern, Humanisten, Literaten und Politikern hat er bis jetzt auch immer Lösungen gefunden, sich kollektiv neu zu erfinden und neu zu organisieren. Lösungen, die kollektiv zu mentalen Veränderungen und Sichtweisen geführt haben, die die Welt verändert und oft verbessert haben. Wenn mentale Veränderungen in genügend vielen Personen stattfinden, kann dies dank der dichten sozialen Netzwerke, durch die wir miteinander verbunden sind, sozialen Druck aufbauen, dass sich diejenigen, die sich zum Beispiel nicht aus freien Stücken zu einer emissionsfreien Lebensweise durchringen können, dennoch ändern. Angesichts dessen, wie schnell sich derzeit viele Klimaphänomene in die falsche Richtung bewegen, sind meiner Meinung nach diese sozialen Netzwerk-Mechanismen in Kombination mit einer Handvoll technischer Lösungen unsere einzigen Hoffnungsschimmer. Sollte die Wende nicht gelingen oder zu lange auf sich warten lassen, dann ist das vielleicht das Ende der Geschichte.

- Der menschengemachte Klimawandel bedroht die Zivilisation.
- Es ist wissenschaftlich unbestritten, dass wir uns auf *Tipping Points* zubewegen.
- Die Gefahren beim Überschreiten dieser Punkte sind unabsehbar gewaltig.
- Als Konsequenz wird eine drastische irreversible Reduktion der *Carrying Capacity* erwartet.
- *Tipping Points* sind miteinander verkoppelt.
- Wird einer erreicht, werden die anderen schneller erreicht.

- Gleichzeitiges Erreichen von mehreren *Tipping Points* bedeutet Multi-Kollaps.
- Multiple Krisen sind oft unbewältigbar und führt wiederholt zum Untergang von Zivilisationen.
- Die Maßnahmen zur Rettung des Planeten sind eventuell zu langsam.
- Zur Wende braucht es schnelle Kettenreaktionen in sozialen und wirtschaftlichen Netzwerken.

# KAPITEL 6: **DIE ZERBRECHLICHKEIT DER ZIVILGESELLSCHAFT**

*Unsere Zivilgesellschaft baut wie jede Gesellschaft auf Spielregeln auf. Diese beruhen auf demokratischen und egalitären Werten. Innerhalb dieser Regeln organisiert sich die Gesellschaft selbst. Das komplexe System, das dabei entsteht, bringt noch nie dagewesene Freiheit und Wohlstand hervor. Doch auch dieses System bewegt sich auf Tipping Points zu. Überschreiten wir sie, entsteht eine andere Welt.*

## SPIELREGELN – NETZWERKE – WOHLSTAND

Zivilisationen und Gesellschaften sind vielleicht die kompliziertesten komplexen Systeme überhaupt. Wie alle komplexen Systeme bestehen sie aus Netzwerken, die Personen und Institutionen auf die unterschiedlichsten Arten miteinander verbinden. Sowohl Personen als auch Institutionen ändern sich aufgrund ihrer Interaktionsnetzwerke laufend, und die ihnen zugrundeliegenden Netzwerke passen sich ständig den neuen Situationen der Personen und Institutionen an. In diesem System gibt es nicht nur ein Netzwerk, das die Akteure verbindet, sondern hunderte, und die sind aufs Engste miteinander verwoben. Zunächst lässt sich gar nicht so einfach sagen, wer die Akteure in einer Gesellschaft eigentlich sind: Parlamente, Gerichte, Schulen, die Verwaltung, Produktionsstätten, Verteidigung, Polizei, Kirchen, Vereine, Parteien, Interessensverbände und natürlich Menschen.

Institutionen selbst bestehen aus internen Netzwerken und bilden in ihrem Zusammenspiel ein ungeheures dynamisches Geflecht von *Netzwerken von Netzwerken*. Die »Bauteile« der Institutionen sind meist Personen mit Meinungen, Charaktereigenschaften, Funktionen und Beziehungen, die sich ebenso über die Zeit hinweg verändern und die Institutionen, an denen sie mitwirken, beeinflussen.

Es scheint vollkommen aussichtslos, diese Systeme mit Daten abbilden zu wollen, in der Art und Weise, wie wir das mit dem Finanzsystem gemacht haben. Zivilisationen und Gesellschaften sind in ihrer Gesamtheit und extremen Vielfalt derzeit fern von jeder wissenschaftlichen Netzwerk-basierten Beschreibbarkeit. Entsprechend schwer ist es, sinnvolle nachprüfbare Aussagen über die Stabilität und die Resilienz unserer Zivilgesellschaft zu treffen. Ist das überhaupt notwendig?

## IST DIE ZIVILGESELLSCHAFT BEDROHT?

Viele denken, dass unsere westliche Gesellschaft an ihr Ende kommt, oder zumindest stark gefährdet ist. Und das gleich aus mehreren Gründen, zu denen der Klimawandel, die Migration, der wachsende globale Einfluss Chinas oder etwa die Digitalisierung gehören. Mehr und mehr Menschen sind von unserem westlichen System enttäuscht und denken, es habe nicht das geliefert, was es jahrzehntelang versprochen hat: Demokratie, Chancengleichheit, Fairness sowie Möglichkeiten und Wohlstand für alle. Im Gegenteil. Viele glauben, dass die Institutionen wie die EU, die UNO oder die WTO dazu beitragen, eine kleine Elite zu fördern, die Macht und Wohlstand an sich reißt. Einige Gruppen nutzen diese Enttäuschung und wollen die Gesellschaft in der bestehenden Form zerschlagen, allen voran die sogenannten Populisten. Der Kreis dieser Bewegung ist weltweit ungemein erfolgreich und umfasst inzwischen eine Reihe von Präsidenten und Premierministern. Die Botschaften und Erklärungen dieser Bewegung sind oft banal und erfassen die Ursachen der Probleme nur sehr unzureichend. Eine zentrale Gestalt der Bewegung ist der amerikanische Publizist, Filmproduzent und Berater Stephen Bannon. Er versucht, die populistischen Strömungen international zu koordinieren, bereitet deren Botschaften in mundgerecht und leicht verdaulicher Propaganda auf und verbreitet sie weltweit gezielt und strategisch. Erklärtes Ziel ist die Zerschlagung der Zivilgesellschaft.

In diesem Kapitel werden wir mit Hilfe des Paradigmas der komplexen Systeme der Frage nachgehen, welche Gefahren der westlichen Zivilgesellschaft drohen. Da die ihr zugrundeliegende Komplexität wissenschaftlich derzeit noch unbeschreibbar ist, müssen wir uns darauf beschränken, die Gefahren verbal zu benennen. Wir können aber dennoch versuchen, die *Tipping Points*, die das Fundament unserer Zivilgesellschaft bedrohen, zumindest zu beschreiben.

## NETZWERKE

Jede Zivilisation basiert auf dem Zusammenspiel sozialer, politischer, wirtschaftlicher und religiöser Netzwerke. Jede Gesellschaft hat ihre eigenen, für sie typischen Netzwerke. Daher lassen sich Zivilisationen aufgrund ihrer Netzwerkstrukturen voneinander unterscheiden.

Frühere Zivilisationen bildeten relativ einfache Netzwerke. Bevor der Mensch begann, Städte zu bauen, bevölkerte er über hunderttausende Jahre hinweg den Planeten als Jäger und Sammler. Die Menschen organisierten sich in Gruppen und Sippen von ungefähr 150 Individuen und brauchten für ihr Überleben nur relativ einfache Institutionen und Netzwerke.

Robin Dunbar von der Universität Oxford hat nachgewiesen, dass eine Gruppe mit etwa 150 Mitgliedern die meisten sozialen Beziehungen innerhalb der Gruppe noch mental erfassen kann. Die Institutionen dieser Gesellschaften sind also noch für alle Beteiligten überschaubar und klar nachvollziehbar. Die Hierarchie in diesen Gesellschaften ist daher relativ flach.

Ein Stammeshäuptling oder eine Stammeschefin übernimmt mit einigen BeraterInnen die Führung und Verwaltung der wenigen Güter, der »Medizinmann« oder die Schamanin übernimmt die Verbindung zu den Göttern. Es herrscht eine einfache Arbeitsteilung für die Nahrungsbeschaffung, Kindererziehung und die abendliche Unterhaltung durch die GeschichtenerzählerInnen am Feuer. Es gibt keine Institutionen wie Pensionssystem, Gesundheitsvorsorge, Investmentfonds, Steuereintreiber, Finanzsystem oder Unterhaltungsindustrie.

Auch die Institutionen des Mittelalters sind relativ einfach strukturiert im Vergleich zu einer modernen Gesellschaft. Sie waren hierarchisch-feudal und inspiriert von hierarchischen Strukturen der katholischen Kirche. Entsprechend waren auch die sozialen, wirtschaftlichen, politischen und militärischen Netzwerke oft hierarchisch konzipiert. Es bestanden klare und differenzierte Regeln und eine Aufgabenteilung in geordneten pyramidenartigen Strukturen.

Vasallen bekommen Land oder Lehen vom obersten Herrscher zugeteilt und stellen dafür ihre Ressourcen den Fürsten im Kriegsfall zur Verfügung. Es gibt keine Sozialversicherungen für Ritter oder Pensionskassen für Burgfräulein. Es bestehen sehr einfache demokratische Systeme, die etwa festlegen, wie ein Kaiser oder ein Papst zu wählen ist.

Auch die Wirtschaft funktioniert hierarchisch, nach dem Top-down-Prinzip. Meist leibeigene Bauern und Bäuerinnen produzieren Essbares und müssen einen Teil davon an ihre Herren abgeben, die wiederum einen Teil an ihre Herren abgeben, und so geht das bis an die Spitze der Pyramide. Es handelt sich also um einfache, klare Netzwerke, die noch allen verständlich sind und einer Logik folgen, die nach Meinung der handelnden Personen auch im Himmel herrscht.

In modernen Gesellschaften sind diese klaren Strukturen weitestgehend verschwunden. An ihre Stelle treten *Netzwerke von Netzwerken*, die großteils selbst-organisiert funktionieren. Und zwar so gut, dass ein Ausmaß an

Reichtum geschaffen werden konnte, an dem zwar nicht alle Menschen, aber zumindest so viele wie noch nie zuvor, partizipieren können. Nicht nur ein Reichtum an materiellen Gütern und Nahrungsmitteln, sondern auch an Möglichkeiten und Ideen. Es gehört geradezu zur Definition der modernen Gesellschaft, dass sie einen kontinuierlichen Strom an neuen Ideen produziert, der es uns erlaubt, uns als Gesellschaft ständig neu zu erfinden.

In den 1970er-Jahren lebten wir mit einem Viertelanschluss eines Telefons. Das heißt, wenn der Nachbar telefonierte, konnten wir das Telefon unserer Familie nicht verwenden. In den 1980er-Jahren hatten viele Haushalte bereits ein Fax, mit dem sich – unfassbar cool – Texte über das Telefonnetz verschicken ließen. Eine völlig andere Welt des Kommunizierens.

Die Erfindung des Internets hat das Fax abgelöst. Seit den 1990er-Jahren haben fast alle ein Mobiltelefon. Wieder eine vollkommen neue Welt, die nicht mehr vergleichbar ist mit einer Welt der Viertelanschlüsse.

Seit etwa 15 Jahren haben wir Smartphones, die unsere Welt nach E-Mail und Mobiltelefon noch mal vollkommen revolutionierten.

Der Prozess der ständigen Neuerfindung ist uns oft nicht bewusst, da wir in ihn miteingebunden sind. Er steht im strengen Gegensatz zu dem, was eine sogenannte vormoderne Gesellschaft ausmacht – die den Fortschritt aus Prinzip ablehnt. Der Grund, weshalb sie das tut, besteht nicht in der Trägheit der Eliten, sondern in den existenziellen Gefahren, die jede gesellschaftliche Veränderung mit sich bringt.

Eine vormoderne Gesellschaft funktioniert nach dem konservativen Schema: Wenn es in der Vergangenheit gut funktioniert hat, wie wir den Weizen anbauen, dann werden wir um nichts in der Welt die Regeln ändern, die seit jeher bestimmen, wie wir ihn anbauen. Das ist zwar nicht fortschrittlich, garantiert aber, dass man im Winter etwas zu essen hat. Vormoderne Gesellschaften machen keine Experimente, sondern setzen auf Kontinuität. Sie machen alles so, wie sie es immer gemacht haben, und minimieren damit Risiko. Sie stellen auch die Kultur und Religion in den Dienst dieser Kontinuität, damit nur ja nächstes Jahr wieder genug Weizen da ist. Ihre Lieder, Gebete und Geschichten handeln davon, wie vorteilhaft es ist, wenn alles so bleibt, wie es sein muss. Dieses Gleichbleiben bedingt vollkommen andere Netzwerke als die einer modernen Gesellschaft, die darauf vertraut, dass sie sich permanent neu erfinden kann und dadurch immer reicher wird.

## SPIELREGELN MACHEN NETZWERKE

Wie bilden sich die verwobenen Netzwerke der Zivilgesellschaft? Manche entstehen rein zufällig, andere folgen strikten Verlinkungsregeln. Zum Beispiel ist es vollkommen zufällig, wen ich morgen zu Mittag auf der Straße treffen werde, und ob ich mit dieser Person dann ein Gespräch führe, also einen Kommunikationslink im Interaktionsnetzwerk schaffe, oder nicht. Welche Konsequenzen sich aus einem Gespräch dann ergeben, steht ebenso in den Sternen.

Andererseits bilden wir unsere Interaktionsnetzwerke nach bestimmten Regeln – Spielregeln. So zum Beispiel, wenn mir jemand ein Buch verkauft. Dadurch etabliere ich, wenn ich mich an die Regeln halte, einen Zahlungslink von meinem Konto auf das des Buchhändlers. Daraufhin verändern sich unsere Eigenschaften. Der Händler wird finanziell wohlhabender und ich werde möglicherweise durch den Erkenntnisgewinn, den ich aus dem Buch ziehe, intellektuell bereichert.

Die Dynamik, nach denen sich die Links in unseren Netzwerken etablieren, geht weiter. Sobald der Händler meine Zahlung bekommt, etabliert er, wenn er sich ebenfalls an die Regeln hält, einen Zahlungslink ans Finanzamt. Wenn er das nicht tut, und das Finanzamt einen Kontrolllink zu mir etabliert, ich also eine Steuerprüfung bekomme, dann wird das Finanzamt einen Kommunikationslink zum Händler etablieren, ihn anrufen und zum Thema Steuerhinterziehung befragen. Wenn seine Antworten nicht zufriedenstellend ausfallen, kann es sein, dass das Justiznetzwerk aktiviert wird und noch eine ganze Kette weiterer Links in den verschiedensten Netzwerken erzeugt wird.

Regeln, Gesetze, Regulierungen und soziale Normen bestimmen, wie wir Netzwerke knüpfen. Wie sie im Detail aussehen, ist dann oft zufällig. Die Regeln bestimmen also den Rahmen, innerhalb dessen sich die Netzwerke mehr oder weniger zufällig und selbst-organisiert aufbauen und verändern.

Die Art der Netzwerke und die Strukturen, die sie ausbilden, haben einen großen Einfluss auf seine Bauteile. Die

Netzwerke bestimmen, welche Jobs vorhanden sind und wieviel jeder verdient. Sie bestimmen die Verteilung des Reichtums in einer Gesellschaft. Sie bestimmen auch, wie dieser Reichtum erwirtschaftet wird, wie Ressourcen verwendet werden, wie verwaltet wird, wem was gehört, wie mit der Umwelt umgegangen wird, und so weiter.

Weil aber diese Netzwerke bisher quasi nicht beobachtbar waren, denken wir üblicherweise nicht an Netzwerke, wenn wir beispielsweise über die Einkommensverteilung eines Landes sprechen. Im Zeitalter von Big Data werden unsere sozialen und ökonomischen Netzwerke aber immer sichtbarer und wir können beginnen, die sozialen Phänomene in diesem Netzwerk-Paradigma zu sehen.

Was sind die Fundamente unserer Zivilgesellschaft? In unserem Bild sind diese klarerweise die Spielregeln. Es sind erlernte Verhaltensweisen und Regeln, die in Gesetzestexten niedergeschrieben sind. Grob zusammengefasst sind die wichtigsten Regeln, nach denen unsere westlichen Demokratien funktionieren, wohl diese:

1. Nicht Einzelpersonen oder Führer sind die zentralen Einheiten der Macht, sondern Institutionen.

2. Entscheidungen werden kollektiv und demokratisch getroffen, wobei das Prinzip der Gleichheit gilt. Daher ist jede Stimme gleich viel wert. Entscheidungen sollten nach den Regeln der Vernunft und nicht aus Willkür getroffen werden. Die Voraussetzung dafür ist eine breite Bildung der Bevölkerung.

3. Jedes Individuum, als kleinste Einheit der Gesellschaft, ist frei und kann sich autonom eine Meinung bilden, diese offen kundtun und frei entscheiden, wie es diese in Entscheidungsprozesse einbringen will.

4. Individuen haben eine unverletzbare Würde und dürfen sich frei entwickeln und verwirklichen, solange sie die Freiheiten anderer nicht einschränken.

5. Die wirtschaftlichen Grundregeln basieren auf Eigentum und Marktwirtschaft, also auf Konkurrenz und Effizienz, was ein Verbot von Monopolen voraussetzt.

Viele dieser und weiterer Regeln sind in der Erklärung der Menschenrechte, den Verfassungen und Gesetzen unserer Staaten festgeschrieben. Innerhalb dieser Spielregeln bilden sich dann die dynamischen scheinbar vollkommen unüberblickbaren *Netzwerke von Netzwerken*, die unsere westliche Gesellschaft zu dem machen, was sie ist – wunderbar komplex.

Sobald man die Spielregeln verändert, verändern Personen ihr Verhalten. Verhalten ändern heißt in unserer Netzwerk-Sichtweise nichts anderes als die Art und Weise, Links mit anderen Menschen und Institutionen zu etablieren und zu ändern, also anders zu interagieren. Die Spielregeln bestimmen die Strukturen in den Netzwerken. Und Netzwerkstrukturen bestimmen, wie Menschen zusammenleben.

## WIE GUT IST DIE ZIVILGESELLSCHAFT?

Wie wir in Kapitel drei gesehen haben, sind Netzwerke zerbrechlich. Netzwerke verlieren ihre Funktion, wenn sich ihre Links rapide umgestalten. Wenn Spielregeln nicht eingehalten werden, gestalten sich Netzwerke um, sehen anders aus und funktionieren anders. Wäre das schlecht?

Um diese Frage zu beantworten, müssen wir uns fragen, wie gut unsere westliche Gesellschaft eigentlich funktioniert. Meine Antwort: Bei allen Unzulänglichkeiten und allen »Fehlern im System« funktionieren diese Netzwerke im Großen und Ganzen phantastisch.

Wir haben als Gesellschaft in den vergangenen Jahrhunderten ein großes Maß an Freiheit errungen. Freiheit von Adel, Kirche und Führern, Freiheit und Rechte für Frauen, Randgruppen und in letzter Zeit auch vermehrt für andere Kreaturen. Wir haben die Chancengleichheit verbessert und Bildungsmöglichkeiten für weite Teile der Bevölkerung geschaffen.

In der Wissenschaft haben wir Ungeheures zustande gebracht. Wir haben die Nahrungsmittelproduktion derart erhöht, dass wir 7,8 Milliarden Menschen ernähren. Wir haben Seuchen ausgerottet und können neuen Viren innerhalb von kurzer Zeit mit Impfstoffen begegnen. Wir können quasi unbeschränkt Nachrichten austauschen von Person zu Person, aber auch von einer Person an alle, wenn man an gewisse *Youtuber* oder *Influencer* denkt. Maschinen übernehmen mehr und mehr die harte und stumpfsinnige Arbeit und geben uns die Chance, mehr von unserer Lebenszeit in Sicherheit und – im Vergleich zu früheren Generationen – relativ sorgenfrei zu genießen. Man muss nicht mehr fürchten, zu verhungern oder zu erfrieren, vor allem in europäischen Ländern. Insgesamt konnten wir fundamentale Existenzsorgen drastisch reduzieren.

Mit unserem westlichen Gesellschaftssystem haben wir eine ungeheure Dynamik entfesselt, weil wir das Potential, das in allen Menschen steckt, wecken. Das hat uns ermöglicht, einen Reichtum zu erwirtschaften, der seinesgleichen in der Geschichte sucht. Auf der wirtschaftlichen Ebene hat unser System über mehrere Jahrhunderte konkurrenzlos gut funktioniert. Die kleine Minderheit der Europäer, und später der Amerikaner, haben quasi alle Produkte erfunden, vermarktet und verkauft, die von der gesamten Menschheit nachgefragt wurden. Das hat zum Reichtum Europas im Vergleich zur restlichen Welt beigetragen – mit allen bekannten Unmenschlichkeiten und Grausamkeiten etwa der Kolonialisierung.

## HIERARCHISCHE STRUKTUREN

Wirtschaftlicher Erfolg und Reichtum sind nicht notwendigerweise an die demokratische Zivilgesellschaft gebunden. Das erleben wir derzeit in China, wo offenbar eine gut überwachte und unfreie Gesellschaft sehr wohl in der Lage ist, mindestens ebenso effizient und gut Reichtum zu produzieren und zu verteilen. Ähnliches hat man auch in Nazideutschland erlebt, wo in einer unfreien und undemokratischen Gesellschaft eine enorme Wirtschaftsleistung möglich war.

China und Nazideutschland haben, beziehungsweise hatten, andere Spielregeln. Was bedeutet das für die zugrundeliegenden Netzwerke? Die offensichtlichsten Unterschiede in den chinesischen Spielregeln bestehen darin, dass sie weder das Prinzip der Gleichheit noch das der demokratischen Entscheidungsfindung vorsehen. Stattdessen gilt das Prinzip des »Wohls« der kommunistischen Partei Chinas.

Das hat zur Folge, dass sich weitaus hierarchischere Netzwerke ausbilden als in Europa oder den USA. Nur eine winzige Elite ist in die Entscheidungsprozesse einbezogen. Entscheidungen können damit schnell gefällt und mit Hilfe der neuen Technologien auch bevölkerungsweit umgesetzt und kontrolliert werden.

Kommunikations- und Informationsnetzwerke bilden sich in China aufgrund des fehlenden Gleichheitsprinzips und der dominierenden Stellung der Kommunistischen Partei vollkommen anders aus. Das Internet ist zensiert, Meinungsfreiheit existiert nicht. Wenn eine Meinung nicht in die politische Linie der Partei passt, hat das gravierende Auswirkungen auf die persönliche Freiheit. Ist die Freiheit eingeschränkt, bilden Menschen andere Links. Sie vertrauen einander weniger. Es gibt weniger Austausch, was wiederum Kommunikations- und Kooperationsnetzwerke dünner macht. Es gibt kaum Opposition und schon gar keinen organisierten Widerstand gegen Projekte der Partei. Das beschleunigt politische Entscheidungsprozesse und deren Umsetzung, die im Westen oft langsam vor sich gehen, da dort das Prinzip der kollektiven Meinungsbildung besteht.

Der wirtschaftliche Erfolg Chinas ist beachtlich: So konnte zum Beispiel der Anteil der Bevölkerung, der eine Krankenversicherung besitzt, von zehn Prozent im Jahr 2004 auf 95 Prozent im Jahr 2016 angehoben werden. China konnte auch extreme Fortschritte in der Armutsbekämpfung erzielen und Infrastrukturprojekte, wie die neue Seidenstraße, auf den Weg bringen. Man denke, wie umständlich, langsam und letztlich oft erfolglos, entsprechende Projekte im Westen sind.

Entsprechend der typischen chinesischen politischen, sozialen, wirtschaftlichen und Kommunikationsnetzwerke sehen in China auch die Umverteilungsnetzwerke anders aus, die letztlich die Eigentumsverhältnisse prägen. Besitz ist dementsprechend ungleich verteilt. China zählt in dieser Hinsicht zu den ungleichsten Ländern der Welt. Das reichste Prozent der Haushalte besitzt ein Drittel des Gesamtvermögens, die ärmsten 25 Prozent besitzen nur ein Prozent.

Der Wegfall des demokratischen Prinzips in diktatorischen Systemen, die Unterscheidung von Menschen in Klassen mit unterschiedlichem Wert und die Einschränkung der Freiheit führen zur Ausbildung von vollkommen anderen Netzwerken, die es in der westlichen Zivilgesellschaft nicht gibt, wie zum Beispiel Überwachungsnetzwerke. Ein Überwachungsapparat soll die etablierten Netzwerke der Macht vor den Netzwerken der Opposition schützen und diese schwächen. Die gezielte Auslöschung zentraler

Netzwerkknoten reduziert die Koordinationsfähigkeit der Netzwerke der Opposition – wichtige Netzwerkstrukturen zerfallen als Folge und die Netzwerke funktionieren nicht mehr. Sie können sich nicht mehr effizient selbst organisieren. In Diktaturen dominieren des Weiteren oft militärische und paramilitärische Netzwerke zivile Netzwerke mit Gewalt, und verhindern dadurch eine Koexistenz von vielen verschiedenen Netzwerken nebeneinander, die für die freie demokratische Welt charakteristisch sind. Dies führt zu einer ganz anderen Gesellschaft. Dennoch, Marktwirtschaft und Industrie funktionieren auch in Diktaturen offenbar problemlos, wie China der Welt derzeit demonstriert.

Zu welchen Netzwerkstrukturen führen uns die Spielregeln unserer westlichen Zivilgesellschaft? Die Regel der Gleichheit bewirkt, dass Netzwerke hierarchisch flach organisiert sind. Auch wenn manche sehr viel mehr Besitz haben als andere, heißt das nicht notwendigerweise, dass sie auch mächtiger sind, in Entscheidungsprozessen bevorzugt sind, oder anderen befehlen können, was zu geschehen hat und was nicht. Das verbietet auch die Regel der kollektiven Meinungsfindung.

Zudem bewirkt die Regel der Gleichheit, dass sich zwischen den Akteuren viele Beziehungsdreiecke bilden. Wie wir in Kapitel eins gesehen haben, sind Gesellschaften mit einer hohen Dichte an Dreiecken relativ stabil. Die Wahrscheinlichkeit, dass sie durch den Ausfall eines Knotens auseinanderfallen, ist viel geringer als in hierarchischen Strukturen, die leicht kollabieren, wenn ihre Führungsschicht verschwindet.

Demgegenüber sind Netzwerke demokratischer Gesellschaften stabil und resilient. Sie überstehen Schocks. Egal wer ausfällt, das System besteht in gleicher Qualität weiter und kann dieselben Aufgaben ungehindert weiterhin wahrnehmen. Selbst wenn ein Premierminister verschwindet oder sich eine Partei auflöst, auch wenn sie gerade in einer Regierung vertreten ist, führt das zu einigen kurzen schnellen Umstrukturierungen, und dann gibt es wieder einen Premierminister oder eine neue Regierungspartei. Die Gesellschaft und ihre Institutionen funktionieren meist ohne Probleme weiter.

## ENTSCHEIDUNGSPROZESSE

Die Regel der Freiheit führt in unserer Gesellschaft dazu, dass in den sozialen Netzwerken unzählige Widersprüche entstehen. Menschen haben verschiedenste Interessen, Fähigkeiten und Meinungen und drücken diese aus, wenn sie frei sind. Daraus entstehen Widersprüche, die aber in der Zivilgesellschaft gewollt sind und ein zentrales Funktionsprinzip darstellen. Sie führen einerseits zu einem permanenten Dialog zwischen den Akteuren, andererseits natürlich zu ständigem Konflikt.

Wegen der Vielzahl an Meinungen, die gleichberechtigt und in ständigem konstruktiven Wettstreit miteinander existieren, führt der permanente Konflikt aber zu einer Art der Entscheidungsfindung, die möglichst viele zufriedenstellt: Zu guten Kompromissen, die viele mittragen können.

Am besten kommt das im Parlament zum Ausdruck, einer Institution, die ausdrücklich dafür geschaffen wurde, Meinungs- und Interessenskonflikte transparent, für alle sichtbar und gewaltfrei auszutragen. Jede und jeder hat die Möglichkeit, sich einzubringen. Sei es persönlich, über Interessensvertretungen, Vereine, Parteimitgliedschaft oder als AktivistIn. Das macht die Gesellschaft stabil, Machtverhältnisse transparent und bietet die Möglichkeit, dass sich das Prinzip der Fairness selbst-organisiert zwischen den Akteuren ausbildet.

Nicht nur verschiedene persönliche Meinungen und Interessen koexistieren in unserer Zivilgesellschaft, sondern auch Netzwerke. Sie können – und sollen zum Teil sogar – miteinander in Konflikt und im Wettkampf stehen, solange die Freiheit und Würde aller Beteiligten gewahrt bleibt. Die Regel der Würde ist eine zentrale Regel. Wird sie verletzt, bestünde die Gefahr, dass Konflikte durch Gewalt ausgetragen werden, wo bekanntlich die Stärkeren die Schwächeren dominieren, was das Prinzip der Gleichheit verletzt. In der westlichen Zivilgesellschaft soll gerade das ausgeschlossen und verhindert werden.

## DILEMMATA

Das hier gezeichnete Bild ist natürlich zu idealistisch. Die Zivilgesellschaft hat selbstverständlich viele Mängel. Nach wie vor ist Gleichberechtigung nicht umgesetzt, Chancengleichheit existiert effektiv nicht wirklich für alle, starke

Gruppen dominieren schwache, manche Interessensvertretungen sind ungleich stärker als andere und viele kommen nie zu Wort. Diese Mängel hängen manchmal mit dem folgenden zentralen Dilemma zusammen: Wie strikt lassen sich die Regeln der Zivilgesellschaft überwachen, ohne sie dabei zu zerstören? Wenn wir die Würde des Menschen schützen möchten, dürfen wir dann Gespräche abhören und damit die bürgerlichen Freiheiten einschränken? Wenn wir die Zivilgesellschaft vor intoleranten politischen Netzwerken oder *Fake News* schützen möchten, dürfen wir dann die Meinungs- und Pressefreiheit einschränken, indem wir Regeln einführen, die es verbieten, gewisses Gedankengut zu verbreiten?

Logisch ist dieses Dilemma nicht aufzulösen, es muss daher mit Kompromissen gelöst werden. Dieses Beispiel zeigt, dass Spielregeln miteinander in Widerspruch stehen können, die zu Mängeln im System führen, die von vielen als Systemversagen wahrgenommen werden.

Ein weiteres Dilemma der Netzwerkstrukturen der Zivilgesellschaft besteht in ihren flachen Hierarchien. Einerseits bilden diese die Grundlage für Gleichheit, andererseits führen sie zu sehr langwierigen und zum Teil absurd wirkenden Entscheidungsprozessen. In der Regel gilt, dass, sobald jemand eine Initiative ergreift, andere die entsprechenden Gegeninitiativen entwickeln. Wenn jemand vorschlägt, an einer Straße neue Fahrradständer aufzustellen, schlagen andere vor, stattdessen Parkplätze zu schaffen und ein nahegelegenes Restaurant bringt ein, dass es die Fläche für Tische im Freien pachten möchte. Sobald diese Interessen ausgesprochen sind, kommen die Netzwerke in Schwung. Ein Heer von GutachterInnen, JuristInnen, GegengutachterInnen, LobbyistInnen, Verwaltungsstellen, Gesundheits-, und TourismusexpertInnen entwickelt ein Feuerwerk von Netzwerkaktivitäten. Der Vorteil dieses Prozesses? Es werden alle Meinungen gehört, es besteht die Möglichkeit, die anderen zu verstehen. Die Vorgangsweise nimmt letztlich Stress aus dem System und verbessert dadurch die Chance auf ein friedliches Zusammenleben – auch wenn es auf den ersten Blick unlogisch aussieht: Konfliktlösung durch offenen Konflikt.

## HIERARCHIEN UND ENTSCHEIDUNGEN

In normalen Zeiten ist diese Methode großartig. Sie führt dazu, dass man wichtige Entscheidungen mehrfach überdenkt, alle Pros und Kontras auf den Tisch bringt und institutionelle Wege transparent und gewaltfrei beschreitet. Mehrfaches Nachdenken macht Dinge meistens besser. Es erlaubt, unerwartete Konsequenzen von Entscheidungen vorab durchzudenken, die bei komplexen Systemen ja zu erwarten sind. Die Langsamkeit und die Verzögerungen, die mit diesem Prozess einhergehen, können aber fatal sein.

Flache Hierarchien in relativ egalitären sozialen und wirtschaftlichen Netzwerken führen dazu, dass sich die Zivilgesellschaft »selbst im Weg steht«. Wenn etwa über Jahre und Jahrzehnte hinweg Entscheidungen nicht getroffen werden, die von zentraler Bedeutung für die Zukunft sind.

Es geht hier nicht nur um verschleppte Bildungsreformen, Pensionsreformen, Gesundheitsreformen, die Besteuerung von Maschinen, um ein Grundeinkommen, sondern vor allem um Entscheidungen, die im Zusammenhang mit der Erderwärmung schon lange überfällig sind. Es geht auch darum, dass wir die nächste Generation anders ausbilden müssen, um in der digitalen Welt bestehen zu können, dass wir anders besteuern und umverteilen müssen, wenn wir die Vorteile der Digitalisierung für eine breite Gesellschaft zugänglich machen wollen und dass wir uns grundlegend anders organisieren müssen, wenn physische Arbeit mehr und mehr verschwindet. Für Entscheidungen dieser Art sind wir in Europa eventuell zu langsam. Die zugrundeliegenden Netzwerke, die sich dazu gleichzeitig umgestalten müssten, sind zu dicht und blockieren gegenseitig ihre Veränderung.

Um Entscheidungen schnell zu treffen, sind hierarchische Strukturen besser. Deutlich wird das im Katastrophenfall. Während der Corona-Krise wurden in vielen Staaten, die sich uneingeschränkt zur westlichen Zivilgesellschaft bekennen, fundamentale Spielregeln außer Kraft gesetzt. Es wurden Bewegungsfreiheit und Versammlungsfreiheit massiv eingeschränkt, Veranstaltungen verboten und ganze Wirtschaftssektoren stillgelegt. Regionen wurden unter Quarantäne gestellt, die Reisefreiheit in Europa eingestellt. Regierungen haben zum Teil massiv in Abläufe des privaten Lebens eingegriffen, bis hin zu Ausgangssperren. In vielen Verfassungen und Gesetzen westlicher Länder ist ein demokratisch legitimierter vorübergehender

Ausnahmezustand zur Bewältigung von Krisen vorgesehen. Er enthält natürlich auch einen klaren Mechanismus, der regelt, dass ein Staat nach der Krise wieder zu den Regeln der Zivilgesellschaft zurückkehrt.

Viele Menschen sahen im Top-down-Krisenmanagement einiger Länder eine Rückkehr der Diktatoren. Katastrophenmanagement funktioniert dann gut, wenn ein relativ kleiner Krisenstab überlegt, was zu tun ist, und die Möglichkeit besitzt, seinen Plan rasch und über alle anderen Meinungen und Interessen hinweg umzusetzen. Ein Krisenstab verhält sich tatsächlich wie ein Fürst, autoritär und undemokratisch.

Das ist klarerweise nicht die Art von Gesellschaft, die wir uns in den vergangenen Jahrhunderten erkämpft haben. Eine Autorität, die uns sagt, was wir tun haben, ist das genaue Gegenteil davon. Die Corona-Krise hat allerdings auch gezeigt, wie gut die Rückkehr zu den Regeln der Zivilgesellschaft funktioniert hat. Nur in einigen Ländern hat sie leider auch demonstriert, wie sich eine Krise dazu verwenden lässt, demokratische Regeln unter Druck zu setzen, um sie allmählich durch hierarchische und diktatorische zu ersetzen.

## SPIELREGELN UNTER DRUCK

Nicht nur durch Krisen kommt die Zivilgesellschaft unter Druck. Wie kann irgendjemand daran zweifeln, dass die westliche Zivilgesellschaft europäischer Prägung nicht die beste aller Welten ist, die jemals existiert hat?

Sie schafft Gleichheit, Freiheit und Chancen für viele, schützt Randgruppen und Benachteiligte, bewerkstelligt Umverteilung, schützt die Würde der Einzelnen, schafft Transparenz und Fairness, garantiert Meinungsfreiheit und Mitbestimmung, mehr als je eine Gesellschaft zuvor. In vielen europäischen Ländern schafft sie freien und kostenlosen Zugang zu Bildung und Gesundheitsdienstleistungen, sie garantiert eine Altersversorgung und ähnliches mehr. Die demokratische Zivilgesellschaft funktioniert gut, sie ist produktiv, effizient und resilient. Dennoch haben viele das Gefühl, nicht an ihren Erfolgen teilzuhaben und nicht genug am produzierten Reichtum zu partizipieren. Wieso zweifeln mehr und mehr Menschen an der westlichen Zivilgesellschaft? Leider gibt es dafür einige Gründe.

Unsere Wirtschaft, das ist eine der zentralen Spielregeln (Nummer fünf), hält sich im Großen und Ganzen an die Vorgaben der Marktwirtschaft. Das zentrale Prinzip hinter ihr ist Konkurrenz und Wettbewerb. Wenn zwei Firmen ein gleichwertiges Produkt herstellen, besteht der Profit aus der Differenz des Verkaufspreises und der Herstellungskosten. Da beide Firmen versuchen, Profit zu maximieren, werden sie versuchen, ihre Herstellungskosten zu minimieren. Das geschieht durch Steigerung der Effizienz in der Produktion. Wer effizienter ist, kann billiger produzieren.

Beide Firmen können den Verkaufspreis ihres Produkts festlegen. Die Kunden werden das billigere kaufen. Der Anbieter mit dem höheren Preis verkauft bald nichts mehr und muss den Preis reduzieren. In der Theorie entstehen dadurch minimale Profite für beide Firmen und dadurch ein maximaler Nutzen für die Konsumenten.

Wenn die Konkurrenz wegfällt, zum Beispiel durch den Ausfall einer der beiden Firmen oder dadurch, dass eine Firma eine uneingeschränkte Marktposition innehat, weil nur sie alleine ein Produkt fabriziert, dann entstehen Monopole. Da Monopole und Kartelle das Prinzip des Wettbewerbs verletzen, sind sie in der Marktwirtschaft geächtet und sollten durch entsprechende Institutionen verhindert werden. In der Theorie.

Dass dies nicht geschieht, und Monopolisten so mächtig werden können, dass weder Kartellgerichte noch Parlamente oder Regierungen gegen sie einschreiten können, zeigt uns die Existenz von *Google*, *Apple*, *Facebook*, *Amazon* und Co.

Firmen versuchen, entweder die Herstellungskosten zu senken oder ein einzigartiges Produkt herzustellen, damit sie, zumindest kurzfristig, Monopolist sind und große Profite machen können. Herstellungskosten zu senken, um im Wettbewerb zu bestehen, läuft oft darauf hinaus, den Druck auf Mitarbeiter zu erhöhen. Je größer und globaler der Wettbewerb, umso größer der Druck.

Dieser Druck, besonders dann, wenn er existenzgefährdend wird, widerspricht der zivilgesellschaftlichen Regel der Würde und Fairness. Viele europäische Gesellschaften greifen daher in die Mechanismen der Marktwirtschaft korrigierend ein und schaffen die sogenannte soziale Marktwirtschaft. Zum Beispiel mit Arbeitszeitbeschränkungen, Mindestlöhnen, Wochenendarbeitsverboten oder Kündigungsschutz. Dies geschieht mit den besten Absichten zum Wohl der MitarbeiterInnen, kann aber in einer globalisierten Welt zu negativen Konsequenzen führen. Zum Beispiel bedeutet Kündigungsschutz, dass Unternehmen Mitarbeiter nicht, oder nur sehr schwer kündigen können. Wenn Unternehmen, die in Schwierigkeiten geraten, Mitarbeiter aus wirtschaftlichen Gründen kündigen sollten, aber nicht können, kommen sie unter Druck. Sie können sich gegen Konkurrenten aus anderen Ländern ohne Mitarbeiterschutz, die daher effizienter produzieren, auf Dauer nicht durchsetzen, gehen pleite und alle verlieren ihre Jobs. Die Regulierung – mit den besten Absichten eingeführt – kann wieder einmal zu gegenteiligen Konsequenzen führen und mehr Druck erzeugen, als sie aus dem System nimmt. Effizienz generiert Druck und erzeugt Verlierer.

## DOGMA DER EFFIZIENZ: MACHT SIE WIRKLICH ALLES BESSER?

Auf der anderen Seite macht Effizienz Produktion effektiver, Produkte besser, treibt die Innovation, welche letztlich alle neuen Arbeitsplätze schafft, minimiert Verschwendung von Arbeitskraft und Ressourcen. Sie ist die Grundlage des materiellen Reichtums, wie wir ihn heute kennen. Wären wir weniger effizient, wären die meisten materiellen Dinge teurer und wir würden sie uns nicht leisten können.

Die negativen Seiten der marktwirtschaftlichen Effizienz sind, neben dem Druck, den sie auf praktisch jeden Arbeitsplatz ausübt, auch ein Überangebot an Konsumgütern, das zu neuen Problemen führt. Zum Beispiel zum

Konsumzwang. Ein Zuviel an Produktion zwingt Produzenten dazu, Menschen davon überzeugen zu müssen, dass sie mehr brauchen, egal wovon. Der Kreis wird zu einem Teufelskreis: Man muss sich dem Druck der Arbeit aussetzen, um den Überschuss, der dadurch produziert wird, kaufen und konsumieren zu können. Schaffe ich es nicht zu konsumieren, fühle ich mich als Verlierer und mein Selbstwertgefühl sinkt. Ich verliere Status, Selbstachtung und dadurch letztlich vielleicht auch Würde.

In dieser Spirale haben viele das Gefühl, ihre Arbeit korreliere nicht mehr mit dem Verdienst und andere könnten viel mehr konsumieren. In der Wahrnehmung dieser Menschen gilt das Prinzip der Gleichheit, das die Zivilgesellschaft ja verspricht, offensichtlich nicht mehr. Dazu gesellt sich das Gefühl, dass andere, die vermeintlich weniger arbeiten, mehr fürs »Nichtstun« bekommen. Die Debatten, ob Arbeitslose zu viel bekommen, ob Flüchtlinge den Sozialstaat durch bezogene Sozialhilfen ruinieren, bis hin zum EU- und Politiker-Bashing – das alles deutet auf eine tief empfundene Skepsis gegenüber dem etablierten System, insbesondere gegenüber seinen Eliten und Institutionen, hin. Es wird auch hier wahrgenommen, dass die Zivilgesellschaft ihre Versprechen der Gleichheit und Fairness nicht einhält.

## ULTIMATIVE EFFIZIENZ – PRODUKTION OHNE MENSCH

Stellen Sie sich vor, die Druckerpatrone Ihres Druckers wird leer. Ihr Drucker bestellt sich selbst eine neue Patrone, diese wird automatisch verpackt und per Drohne nicht nur geliefert, sondern auch gleich installiert, die alte wird mitgenommen und automatisch recycelt. Die Kosten werden von Ihrem Konto abgebucht, die Buchungszeile fließt automatisch in Ihre Buchhaltung ein und wird in der Steuererklärung berücksichtigt. Das System ist effizient. Es braucht keinen Druckershop, keinen Verkäufer, keine Post, keine Briefträgerin, keine Müllmänner, keine Bank und keine Steuerberaterin.

Oder ein anderes Beispiel, Sie fühlen sich schlecht. Sie geben einen Blutstropfen auf einen Analysator, der mit dem Handy via Bluetooth verbunden ist. Das Blut wird analysiert und die Daten auf einen Server in Kalifornien hochgeladen. Ein Algorithmus gleicht sie mit Ihrer Gensequenz ab, mit Methoden der künstlichen Intelligenz wird eine Diagnose erstellt, ein optimales, auf Sie zugeschnittenes, Medikament wird errechnet und von einem Roboter in einem Labor in Ihrer Nähe produziert – zehn Sekunden, nachdem sie den Blutstropfen auf Ihr Handy gegeben haben.

Der personalisierte Wirkstoff wird Ihnen wieder per Drohne geliefert, Sie brauchen nur das Fenster zu öffnen und den Hemdsärmel hinaufkrempeln. Die Drohne spritzt Ihnen dann das Medikament in die Schulter und verschwindet wieder. Ihr Gesundheitsprofil wird upgedatet, die Kosten abgebucht und die Daten der Wissenschaft für weitere Forschungen weitergeleitet.

Kein Besuch bei einer Ärztin, kein Assistent, der Blut abnimmt, kein Labor, das analysiert, keine Apothekerin, die Ihnen das Medikament aushändigt, kein Pfleger, der Ihnen das Medikament spritzt, keine Krankenversicherung, keine

Behörden, keine Wartezimmer, kein Gesundheitsministerium. Keine Menschen mehr – effizient.

Wann ist ein System maximal effizient? Ein großer Faktor der Herstellungskosten ist nach wie vor die menschliche Arbeit. Daher ist Effizienzsteigerung am einfachsten zu erreichen, indem immer weniger Menschen am Produktionsprozess oder an Verwaltungsabläufen beteiligt sind. Dies geschieht derzeit im Zuge der Digitalisierung in der Produktion. Man nennt diese Entwicklung manchmal das *Internet of Things*. Das *IoT* ist eine gewaltige digital vernetzte Produktionsmaschine, die eine neue Ära der Automatisierung einläutet.

Die Grundidee dabei ist, dass Maschinen untereinander via Internet kommunizieren, um sich selbst zu beliefern, sich selbst zu warten und zu reparieren. Ultimative Effizienz entfernt den Menschen zunehmend aus dem Blickfeld. Viele verlieren ihre Aufgaben, mit denen sie sich derzeit noch identifizieren und durch die sie sich definieren und Sinn für sich generieren.

Als Konsequenz dieser Entwicklungen in Richtung eines globalen *IoT*, die natürlich noch lange nicht so weit sind, stellt sich die Frage, wer diese Maschine besitzt. Diese Frage ist entscheidend, denn die Besitzer können festlegen, wer vom Output des *IoT* profitieren soll und wer nicht. Sie können die Umverteilung des Wohlstands bestimmen, wenn nicht Institutionen regulierend eingreifen. Ohne Regulation würde die Gesellschaft sofort in zwei Kategorien zerfallen. In die Maschinenbesitzer, beziehungsweise jene, die die »Maschine« warten und weiterentwickeln ei-

nerseits und andererseits jene Menschen, die darauf angewiesen sind, von der Maschine etwas abzubekommen. Wer
profitiert von dieser ultimativen Effizienz?

Auf den ersten Blick profitieren alle und manche ganz
besonders. Es sieht zunächst so aus, als würde die zunehmende Technologisierung, Automatisierung und Digitalisierung, die zum *IoT* führen werden, Druck aus dem System
nehmen. Lohnarbeit verschwindet. Man muss nicht mehr
arbeiten. Die Frage, ob wir leben, um zu arbeiten, oder ob
wir arbeiten, um zu leben, ist gelöst: Wir *dürfen* arbeiten,
um uns besser verwirklichen zu können.

Vielleicht könnte diese Entwicklung in weiterer Folge
sogar bedeuten, dass wir uns auch nicht mehr durch Konsum definieren müssen, sondern Sinn und Wertschätzung
aus anderen Beschäftigungen generieren. Dann könnte der
Konsumenten-getriebene Kapitalismus mit seiner sinnlo-
sen Überproduktion, der wie nichts Anderes die Ressourcen des Planeten überlastet und eine der Hauptursachen
der Erderwärmung ist, gestoppt werden.

Es könnte aber auch ganz anders kommen. Genauso
gut könnte das Gegenteil eintreten – eine möglicherweise
schreckliche Entwicklung.

## VOM NEGATIVEN WERT DES MENSCHEN

In den vergangenen Jahrtausenden haben die Menschen –
über ihre Lebenszeit gerechnet – tendenziell mehr erwirtschaftet als verbraucht. Das heißt, für einen Staat war es

wirtschaftlich umso besser, je mehr Menschen da waren. Wenn jeder Mensch mehr einbringt, als er verbraucht, werden alle reicher. Auch für den Kriegsfall oder militärische Auseinandersetzungen war es bisher immer besser, mehr Menschen in einem Heer zu haben als weniger. Je mehr man hatte, umso besser konnte man Feinde abschrecken, sich verteidigen oder andere überfallen. Das heißt, dass Menschen bisher immer einen positiven wirtschaftlichen und militärischen Wert hatten. Yuval N. Harari bemerkt in seinem Buch *Homo Deus*, dass in Zukunft weder der ökonomische Wert eines Menschen noch der militärische positiv sein muss.

Immer öfter sieht man von Kampfdrohnen aufgenommene Filme, meist in schwarz-weiß, die zeigen, wie sie zunächst ein Ziel anvisieren und darauf zufliegen. Schließlich verschwindet das Bild, was bedeutet, dass weder Ziel noch Drohne mehr existieren.

Wenn man Kriege, Angriffe und politische Umstürze zunehmend mit Robotern, Drohnen und Algorithmen ausführen kann, ist es nicht mehr von Bedeutung, wie groß die Armee ist. Ein großes Heer ist dann teuer, aber nutzlos. Der militärische Wert von Soldaten ist negativ: je weniger Soldaten, desto besser.

Die Vorstellung, dass mit dem Entstehen des *Internet of Things* auch der ökonomische Wert vieler Menschen negativ werden könnte, ist keineswegs abwegig. Dieser Fall tritt dann ein, wenn Menschen – über ihre Lebenszeit hinweg – weniger zum Wohlstand beitragen, als sie konsumieren. Und genau das passiert, wenn Maschinen den Menschen aus dem

Produktionsprozess drängen. Zum Beispiel, wenn es zum Produzieren von Autos nur mehr eine Handvoll Ingenieure, Designer, Programmierer und Robotikexperten braucht.

Was bedeutet das? Denken wir das Beispiel ganz durch. Wer kauft dann diese Autos? Letztlich natürlich Menschen, die durch das *IoT* keine produktive Arbeit mehr verrichten und auf die eine oder andere Art ein Grundeinkommen beziehen. Dieses wird finanziert durch eine Maschinensteuer, denn nur noch die Besitzer der *IoT*-Maschine haben überhaupt die Mittel, Steuern zu bezahlen.

Das heißt, dass die Maschinenbesitzer über den Umweg der Maschinensteuern und des Grundeinkommens die Menschen bezahlen, um ihre Produkte zu kaufen. Mit anderen Worten, sie »verschenken« diese Produkte quasi letztlich an alle. Macht das ökonomischen Sinn?

Die *IoT*-Maschinenbesitzer haben zwar Macht über Menschen, da sie bestimmen, wie der durch die Maschinen erwirtschaftete Wohlstand aufgeteilt wird, aber was bedeutet Macht über Menschen, die negativen ökonomischen und militärischen Wert haben? Ökonomisch macht das eventuell überhaupt keinen Sinn.

Ebenso könnten oligarchische *IoT*-Maschinenbesitzer argumentieren, dass, je mehr Menschen da sind, umso mehr Ressourcen verbraucht werden, die ihnen dann nicht zur Verfügung stehen. Wirtschaftlich gesehen wäre es also wieder besser, wenn weniger Menschen existieren würden.

Das führt zu der katastrophalen Situation, dass, um die Effizienz weiter steigern zu können, eigentlich weniger Menschen existieren sollten. Man kann sich vorstellen, wie Demagogen mit diesen Gegebenheiten umzugehen wüssten: Welche Menschen sollten dann eigentlich weiter existieren und welche nicht? Das steht in eklatantem Widerspruch zu den fundamentalen Regeln der Gleichheit und der Würde.

Solange Menschen positiven ökonomischen Wert besitzen, sind wirtschaftliche und westliche moralische Normen diesbezüglich nicht im Widerspruch: Beide bewerten Menschenleben als uneingeschränkt positiv und nicht verhandelbar. Geraten wir mit zunehmender Automatisierung zwangsläufig in ein Dilemma zwischen den Grundregeln der Würde und Gleichheit des Lebens auf der einen Seite und der marktwirtschaftlichen Effizienz auf der anderen?

## ZERSTÖRUNG DER INSTITUTIONEN – NATIONAL-POPULISMUS

»Populismus kann wenigstens ein erster Schritt zur Abschaffung der Parlamentarischen Demokratie sein. [...] Der Tod eines solchen Regimes kann nicht Ursache zur Trauer sein, sondern vielmehr ein Grund zum Jubel. Es gibt immer Grund für Jubel, wenn ein Lügensystem entlarvt und man davon befreit wird.« So spricht Christophe Buffin de Chosal, einer der Theoretiker der Rechts- oder Nationalpopulisten, in seinem Buch *The End of Democracy*. Von dieser Seite kommt seit einigen Jahren besonders gut organisierter Druck auf die Spielregeln der Zivilgesellschaft.

Nationalpopulisten vereinigen rechtes politisches Gedankengut mit Populismus, also dem Konzept, Dinge zu sagen, die politische Mehrheiten bringen, egal ob sie wahr oder falsch sind. In den vergangenen Jahren hat sich der Nationalpopulismus global erfolgreich etabliert und ist in vielen Ländern in Regierungen vertreten.

Viele AnhängerInnen der Nationalpopulisten sind empfänglich für relativ einfache Erklärungen, die oft emotional aufgeladen sind. Man bedient sich des Nationalismus, des Rassismus genauso wie des Frauenhasses, wettert gegen ImmigrantInnen, Andersgläubige und »Sozialschmarotzer«. Offen und unverhohlen wird Hass als politisches Mittel und Werkzeug eingesetzt. »Lasst sie uns wild machen (…). Lass das Fußvolk den Hass aufdrehen. Denn Hass ist das Einzige, was sie dazu bringt, ihre Pflicht zu erfüllen«, sagte Stephen Bannon am 19. August 2016 gegenüber der amerikanischen Nachrichtenwebseite *Daily Beast*. Im Regelwerk der Zivilgesellschaft ist Hass keine politische Option. Dort gilt die Regel der vernunftgetriebenen, egalitären, kollektiven Entscheidungsfindung.

Nationalpopulisten nutzen das Faktum, dass viele Menschen nicht mehr an Demokratie und die westliche Zivilgesellschaft glauben, da viele ihrer Versprechen nicht eingelöst wurden. Viele fühlen sich gegenüber Eliten und dem sogenannten Establishment benachteiligt. Viele spüren die Folgen der Globalisierung und die Anzeichen der Digitalisierung und die damit einhergehende Arbeits- und Aussichtslosigkeit. Nationalpopulisten schüren den Hass gegenüber dem Establishment, das sie für diese Entwicklungen verantwortlich machen und als korrupte verschworene Zelle der Macht darstellen, die die Demokratie zur Ausbeutung der redlichen Bürger, des sogenannten »kleinen Mannes«, benutzt. Folglich muss Demokratie zerstört werden. Und mit ihr die Institutionen, auf die sie sich gründet. So das Programm.

Erklärtes Ziel des Rechts- oder Nationalpopulismus ist damit die Zerstörung der derzeit existierenden Zivilgesellschaft. Ihre Strategie richtet sich auf die Torpedierung der verschiedenen Spielregeln. Zerstörung von Spielregel Nummer eins bedeutet die Zerstörung von Institutionen, allen voran der EU. Der Brexit war ein erster großer Erfolg der Nationalpopulisten in diese Richtung.

Aber auch die Schwächung der Parlamente, der Gerichte und die kontinuierliche Verunglimpfung der Presse, der UNO, der WHO und der NATO zielen in ebendiese Richtung. Die Verunglimpfung internationaler Institutionen erleichtert es den Nationalpopulisten, mit der Kritik an ihren undemokratischen und zweifelhaften Methoden umzugehen. Wenn Demokratie und Institutionen als lächerlich dargestellt werden, braucht deren Kritik die Populisten nicht weiter zu kümmern.

Spielregel Nummer zwei, dass Entscheidungen kollektiv und demokratisch getroffen werden sollen, greifen die Nationalpopulisten durch den Ruf nach starken – idealerweise nationalistischen – Führern an. Das Prinzip Gleichheit wird aufgelöst, man unterscheidet sehr wohl, welche Religion die wahre, welche Rasse wertvoller und welche Werte die Richtigen sind.

Dementsprechend ist auch Regel Nummer vier unter Druck, welche die Würde *aller* Gruppen schützen soll. Freiheiten bestimmter Personengruppen können nach Ansicht der Nationalpopulisten sehr wohl eingeschränkt werden, besonders wenn es sich um Immigranten oder Andersgläubige handelt.

Spielregel Nummer drei, der zufolge sich jedes Individuum frei und autonom seine Meinung bilden kann, gilt nach den Vorstellungen der Nationalpopulisten nicht. Führer legen fest, was gut und richtig ist, und setzen das vehement und mit Macht durch – ohne öffentliche Debatte und Meinungsfindung.

Spielregel Nummer fünf, wonach Eigentum und Marktwirtschaft die wirtschaftliche Basis bilden, wird vom Nationalpopulismus meist nicht in Frage gestellt.

## NETZWERKE DER NATIONALPOPULISTEN

Normalerweise geben Nationalpopulisten keine Vision vor, wie die postdemokratische Gesellschaft aussehen soll. Ihr Ziel beschränkt sich zunächst einmal auf die Zerstörung des Systems, wie es jetzt ist. Sie geben aber die neuen Spielregeln zu erkennen.

Andere Spielregeln bedeuten andere Netzwerke und andere Verflechtungen von Netzwerken. Wie könnten diese aussehen? Es wäre vollkommen vermessen, zu glauben, die Wissenschaft könnte darauf bereits eine vernünftige Antwort geben. Man kann nur versuchen, eine generelle Richtung festzumachen, was die Änderungen der Spielregeln für das komplexe System Zivilgesellschaft bedeuten würde. Generell gilt, dass nationalpopulistische Spielregeln zu einem Übergang von derzeit flachen und egalitären zu hierarchischen Netzwerkstrukturen führen würde. Und das auf vielen Ebenen.

Wenn Institutionen zerschlagen werden, heißt das, dass die Macht in die Hände von Einzelpersonen, also Führern, gelangt. Die Erfahrung des Machtmissbrauchs einzelner Personen ohne die notwendigen institutionellen Kontrollen hat in der zweiten Hälfte des 20. Jahrhunderts den allmählichen Aufbau solcher machtausgleichenden Institutionen erst befeuert.

Wenn Macht in die Hände von Einzelpersonen und kleiner Eliten gelangt, bedingt das meist steile Hierarchien, die sich in Folge auch in hierarchischen politischen, wirtschaftlichen und sozialen Netzwerken niederschlagen. Als Konsequenz entscheidet eine kleine Elite über die Umverteilung des erwirtschafteten Wohlstandes und die Rechte der verschiedenen Bevölkerungsgruppen.

Die Tatsache, dass meist keine wohlwollenden Diktatoren zum Zug kommen, beweisen die spektakulären Korruptionsskandale der letzten Jahre.

Die Funktionsweise von hierarchischen Netzwerkstrukturen, wenn sie über längere Zeit bestehen, ist in zahllosen Beispielen der Geschichte dokumentiert. Egal, ob es um das Sowjet-Imperium, das Dritte Reich, oder das derzeitige China geht, hierarchische Netzwerkstrukturen bestimmen die Umverteilung des Wohlstandes Top-down.

Im Normalfall nimmt dann die Ungleichheit zu, bei gleichzeitigem Verlust der demokratischen Mitsprache und dem Verlust von persönlicher Freiheit großer Teile der

Bevölkerung. Mit hierarchischen Strukturen entstehen oft Überwachungsnetzwerke, die Freiheiten einschränken. Zentrale Planung ersetzt mehr und mehr die pluralistische Selbstorganisation.

Vermutlich sind selbst-organisierte Wirtschaftssysteme, die auf flachen kooperativen Netzwerken beruhen, auf Dauer adaptiver, anpassungsfähiger, resilienter und vor allem innovativer als hierarchische. Das heißt aber nicht, dass sie nicht innerhalb kürzester Zeit verschwinden können. Wenn die Mehrheit ihr Vertrauen in Demokratie und Zivilgesellschaft verliert, verschwinden sie.

## VERLUST DER WAHRHEIT – FILTERBUBBLES

»Danke für Ihren Einkauf. Weil Sie das gekauft haben, werden Sie auch dies hier lieben!« Sie kennen diese Werbung, wenn Sie im Internet etwas bestellen. Sie bekommen sofort Vorschläge, noch weitere Dinge zu bestellen. Sobald Sie im Netz etwas suchen und etwas anklicken, das Sie möglicherweise interessiert, suchen Algorithmen in Millionen von gespeicherten Klicks, wo andere etwas Ähnliches gesucht haben. Algorithmen gruppieren ähnliche Konsumenten quasi in Schubladen. Sie kommen in eine *Filterbubble*. Alle in dieser Bubble bekommen dann die gleichen Angebote von den Dingen, die andere in derselben Schublade schon gekauft haben.

Das ist nur eine Art von *Filterbubble*. Eine andere ist die sogenannte *personalisierte Internetsuche*, die Ihre Suchergebnisse für Sie vorsortiert, je nachdem welche Ihrer persönlichen Informationen, Ihr Computer und Ihr Handy weiterleitet. Zum Beispiel wo Sie sich gerade befinden, welche Restaurants Sie bevorzugen, wo Sie einkaufen oder zu welchen Adressen Ihr Auto üblicherweise fährt.

Sie bekommen also nicht mehr die Suchergebnisse gereiht nach der objektiven Wichtigkeit der betreffenden Webpage, sondern nach Ihren persönlichen Interessen und nach dem, was ein Algorithmus »denkt«, was Sie hören wollen. Alles andere sehen und hören Sie nicht mehr. *Filterbubbles* schränken also den großen, weiten Horizont der weltweit verfügbaren Information ein, auf den viel kleineren eigenen Horizont.

Im Glauben, sich objektiv zu informieren, bekommt man auf seine Fragen eine Mischung von Fakten und seinen eigenen subjektiven Vorlieben und Meinungen. Man erhält so ein vollkommen verzerrtes und falsches Bild der Welt. Das Gefährliche dabei: Man weiß nicht, wie verzerrt und falsch es ist. Besonders unangenehm ist die Vorstellung, dass Algorithmen entscheiden, was sie mir als Wahrheit vorspiegeln und was nicht.

Ebenso gefährlich sind *Filterbubbles*, wenn es um Nachrichten geht. Zum Beispiel die von *Facebook* angebotenen personalisierten Nachrichten. Sie können sich selbst zusammenstellen, welche Nachrichten Sie sehen wollen. Natürlich ist das nichts neues, auch früher haben wir in der Zeitung die Nachrichten, die uns nicht interessiert haben, nicht gelesen. Aber ich habe in der Zeitung zumindest gesehen, dass es noch viele andere Bereiche und Meinungen gibt.

Wenn ich aus meiner Welt gezielt Informationen ausblende, und nur mehr das wahrnehme, was mich interessiert, oder was ich sehen will, dann kann ich nicht erwarten, ein objektives Bild der Welt zu bekommen. Ich lebe dann in einer »Echokammer«. Ich höre das, was ich selbst hineinrufe. Die neuen Technologien verstärken diesen Echo-Effekt massiv.

Ein weiteres Beispiel ist das Phänomen *Google*. *Google* ist quasi zu einem Synonym für »Wahrheit« geworden. Habe ich eine Frage an die Welt, dann google ich sie. Egal welche Frage – ich bekomme immer eine Antwort. Ob Fragen über Gott oder die Welt, Fragen zu Hautausschlägen oder Nebenwirkungen von Medikamenten, zur Funktionsweise von Homöopathie, oder den Hobbies von Donald Trump, immer weiß *Google* Rat. Wen hat man eigentlich um Rat gefragt, als es *Google* noch nicht gab? Vor langer Zeit waren das vielleicht der Dorfpfarrer, das Lexikon, die Eltern, Freunde oder Vertrauenspersonen. *Google* übernimmt die Rolle einer weisen Vertrauensperson. Wir bezweifeln nicht, dass *Google* recht hat. *Google* ist die Quelle der Wahrheit.

Ein Unternehmen wie *Google Alpha* ist aber nicht unbedingt daran interessiert, Ihnen die für Sie bestmögliche Antwort zu liefern. Vielmehr ist es bestrebt, Ihnen die Antwort zu geben, die für das Unternehmen *Google Alpha* die beste ist. Denn *Google* macht seine exorbitanten Profite mit Werbung. Mit Werbung, die fast nicht sichtbar ist. *Google* reiht die Suchergebnisse Ihrer Anfragen unter anderem so, dass Sie die Seiten derjenigen Unternehmen, die bei *Google* Werbung in Auftrag geben, möglichst oft anklicken.

Wenn also eine Firma Werbung für Katzenfutter in Auftrag gibt, bekommen Sie, egal was Sie *googlen*, Webseiten, die wenige Klicks von Seiten mit dem entsprechenden Katzenfutter entfernt sind. *Google* und Co. nutzen also ihre Rolle als »Vertrauensperson«, um Ihnen ein verzerrtes Bild der Welt zu präsentieren, um Werbung in Ihnen zu platzieren.

## BÖSE BUBBLES, NUDGING UND MANIPULATION

Schon immer gab es Fälscher der Wirklichkeit. Das Beunruhigende an den derzeitigen Entwicklungen ist, dass die Möglichkeiten und Technologien der perfekten Fälschung, von Photoshop und *Filterbubble*-Design bis hin zu feindlicher Wahlbeeinflussung, praktisch jedem offenstehen. Wer sich mit Codes, Protokollen und Daten auskennt, kann mit falschen Bildern, falschen Filmen und falscher Sprache derart verwirren, dass quasi niemand mehr feststellen kann, was wahr ist und was nicht. »Wahrheit« verschwindet.

Wenn Informationen von *Facebook* und Co. verwendet werden, um Wahlergebnisse im Sinne von irgendwelchen Auftraggebern zu drehen, dann pervertiert das die demokratischen Grundprinzipien. Das ist dann nicht mehr harmlos, wie Werbung für Katzenfutter. Nicht zuletzt dank einer *Netflix*-Dokumentation über das im Jahr 2018 nach einem Manipulationsskandal insolvent gewordene Datenanalyse-Unternehmen *Cambridge Analytica* wissen wir, wie das funktioniert.

In der Dokumentation spricht eine *Nudging*-Expertin, eine Mitarbeiterin von *Cambridge Analytica*, die bei der Wahl Donald Trumps zum amerikanischen Präsidenten und vielen Wahlkämpfen weltweit dabei war. *Nudging* bedeutet »anstubsen« und bezeichnet eine mehr oder weniger subtile Weise, eine Person dazu zu bringen, eine bestimmte Handlung auszuführen. Die Expertin beschreibt ganz offen, mit welchen Algorithmen lokale Gruppen in der Dominikanischen Republik dazu bewogen wurden, in sozialen Medien zu sagen, wie cool es ist, nicht wählen zu gehen. So bringen *Nudging*-Experten vollkommen ungesehen bestimmte Wählergruppen dazu, auf ihr Wahlrecht zu verzichten. Das reicht dann oft schon, um das Wahlergebnis in die gewünschte Richtung zu drehen.

Bots, also Akteure im Internet, die keine Menschen sind, sich aber als solche ausgeben, verwirren ebenso. In den vergangenen zehn Jahren haben sie sich derart verbessert, dass man oft nicht mehr sagen kann, ob man sich gerade mit einem Menschen anfreundet, oder ob es sich um einen Algorithmus handelt, der geschaffen wurde, um Meinungen zu beeinflussen. Mit *Nudging* und mit Bots lassen sich nicht nur bestimmte Gruppen vom Wählen abhalten, sie lassen sich auch gegeneinander ausspielen. Konflikte werden gezielt angeheizt oder Debatten unterdrückt.

Auf diese Weise kann eine sehr kleine Gruppe von Menschen enorm großen Einfluss ausüben. Wer früher die Meinung der Bevölkerung eines Landes manipulieren wollte, musste sich mit seinen Parteien und Medien auseinandersetzen, der *Bild*-Zeitung, dem *Stern*, dem *Spiegel* oder in

Österreich mit der *Kronenzeitung*. Es erforderte das Zusammenwirken hunderter oder sogar tausender Personen, um eine vorherrschende Meinung oder auch nur die Meinung einer bestimmten Gruppe verändern zu können, und dementsprechend viel Geld. Heute reicht eine kleine Gruppe guter Programmierer.

Wenn Unternehmen wie *Google, Facebook, Twitter,* Geheimdienste oder Cyber-Abteilungen der Streitkräfte bewusst oder unbewusst, ungeplant oder bösartig, die Wahrheit verschleiern, so ist nun das Gegenteil von dem eingetreten, was man sich Anfang der 2000er-Jahre vom Internet erhofft hat: Alle Information der Welt allen zugänglich zu machen, um damit Verblendung und Verhetzung auszuschalten.

## FRAGMENTIERUNG DER GESELLSCHAFT

*Filterbubbles,* Echokammern und *Nudging* verschleiern nicht nur Fakten und »Wahrheit«, sie tragen auch zu einer rapiden Fragmentierung der Gesellschaft bei. Fragmentierung heißt, dass sich kleine Gruppen bilden, die untereinander die gleichen Werte und Ziele teilen. In der Sprache von Netzwerken heißt das, dass innerhalb einer Gruppe vorwiegend »positive« Links existieren.

Zwischen diesen Gruppen herrschen oft Konkurrenz, gegenseitiges Misstrauen und Ablehnung. Es kommt zu einer scharfen Abgrenzung zwischen den Gruppen. Es bestehen also »negative« Links zwischen ihnen. Man kann sich das entsprechende Netzwerk der Fragmentierung bildlich vor Augen halten, indem man sich vorstellt, dass befreundete Links grün sind, und Feindschafts-Links rot. Das Netzwerk einer fragmentierten Gesellschaft würde also aussehen wie ein roter See mit vielen grünen Inseln.

Soziale Medien wie *Facebook* und Co. erleichtern diese Gruppenbildung in bisher nicht vorstellbarem Ausmaß. Das führt zu einer Zerstückelung der Gesellschaft, in der es zunehmend schwieriger wird, großflächigen Konsens, gegenseitiges Verständnis und Solidarität herzustellen. Dinge, die in Demokratien von zentraler Bedeutung sind.

Ein kleiner Zweig der Komplexitätsforschung beschäftigt sich ausdrücklich mit der Fragmentierung der Gesellschaft. Die Wissenschaft kann hier helfen, zu verstehen, wie, wieso und wie schnell diese Prozesse ablaufen und welche Möglichkeiten für Gegenmaßnahmen bestehen.

Meist basieren die Modelle, mit denen dabei gearbeitet wird, auf virtuellen Gesellschaften, nicht unähnlich der *Pardus*-Community. Künstliche Avatare werden mit politischen Meinungen ausgestattet und interagieren miteinander. Wenn Menschen die gleiche Meinung teilen, haben sie die Tendenz, sich zu »verlinken«. Wenn sie die entgegengesetzte Meinung haben, tendieren sie dazu, soziale Kontakte zu vermeiden.

Wenn die Interaktionsdichte niedrig ist, entsteht ein Netzwerk, in dem es viele befreundete Beziehungen (grüne Links) und (rote Links) gibt. Es bilden sich aber keine grünen Inseln. Die Bevölkerung ist gut »durchmischt« und zerfällt nicht in Gruppen. Wenn die Interaktionsdichte da-

gegen sehr hoch ist, kommt es zur erwähnten Fragmentierung und es bilden sich grüne Inseln. Computer-Simulationen bestätigen dieses Phänomen.


## IDENTITÄTSPOLITIK

Nicht nur soziale Medien führen zu einer zunehmenden Fragmentierung der Gesellschaft, auch ein generel-
ler Trend in der Veränderung der Politik trägt dazu bei.
Bislang waren die klassischen Themen der Politik vorwiegend ideologischer und wirtschaftlicher Natur. Der Fokus
lag auf der Nutzung von Ressourcen, ihrer Nutzung und
Verteilung.

Im linken Teil des Spektrums ging es vorrangig um eine
gleichmäßige und faire Verteilung des Wohlstandes durch
einen starken Staat. Die vorherrschende Meinung lautete
entsprechend: Die Welt ist noch nicht ideal, Veränderung
kann aber durch aktive Umgestaltung bis hin zur Revolu-
tion geschehen.

Die Philosophie des rechten Flügels betonte die Stär-
kung der Unternehmer und Minimierung der staatlichen
Kontrolle. Starke Unternehmen und freie Marktkräfte sollten zu maximalem Reichtum für alle führen, die Unternehmer schaffen Wohlstand für sich und die anderen.

Der amerikanische Politikwissenschaftler Francis Fukuyama von der *Stanford University* sieht gegenwärtig eine
drastische Veränderung dieser klassischen Themenfelder
der Politik. Die Linke fokussiert immer weniger auf Soli-

darität und Umverteilung, sondern vertritt zunehmend die Interessen einer Vielzahl von Randgruppen, wie ethnische Minderheiten, Immigranten, Flüchtlinge, LGBT (lesbisch, schwul, bisexuell und transgender). Die Rechte entdeckt Themen wie Schutz der nationalen Werte, Rasse, Kultur und Religion als ihre besten Zugpferde.

Laut Fukuyama geht es beiden Gruppen immer weniger um wirtschaftlichen Wohlstand und wie er am besten zu erreichen und zu verteilen ist, sondern um Gefühle[39]. Parteien kümmern sich zunehmend um die Gefühle einzelner Gruppen und deren Verletzung durch andere. Jede Gruppe will anerkannt sein und respektiert werden. Über die Zeit differenzieren sich diese Gruppen in immer kleinere Grüppchen, die sich gegeneinander abgrenzen. Innerhalb der Gruppe fühlen sie sich wohl, es bilden sich Freundschaftslinks. Zwischen den Gruppen besteht oft starke Konkurrenz und Ablehnung. Eine zunehmende Verfeindung von Gruppen macht Sachpolitik und demokratische Konsensfindung zunehmend unmöglich.

Die sogenannte »Identitätspolitik«, bei der die Bedürfnisse einer jeweils spezifischen Gruppe von Menschen im Mittelpunkt stehen, versucht also vordergründig, Spielregel Nummer vier der Zivilgesellschaft zu schützen, die Regel, welche die Würde der Menschen garantiert. Das führt aber unmittelbar zu zwei fundamentalen Problemen. Erstens schützt Identitätspolitik nicht die Würde *aller* Menschen, sondern nur die von Gruppen. Zweitens fördert sie gesellschaftliche Fragmentierung und gefährdet dadurch Spielregel Nummer zwei, die Regel der breiten demokratischen Entscheidungsfindung, die gesellschaftlichen Konsens und Kompromisse ermöglicht.

Mit zunehmender Fragmentierung und dem Funktionieren der Gruppen als Echokammern wird es zunehmend unmöglich, Fakten von Märchen zu unterscheiden. Damit können vernünftige Entscheidungen nicht mehr kollektiv getroffen werden, was Spielregel Nummer zwei unserer Zivilgesellschaft außer Kraft setzt. Eine Gesellschaft, die nicht mehr weiß, was stimmt und was nicht, verliert eine zentrale Säule der Demokratie: die Vernunft. Gesellschaften, die ihre Entscheidungen auf der Basis von Gefühlen und Träumen treffen und zentrale Fakten gar nicht mehr berücksichtigen können, können auch reale Probleme nicht mehr lösen.

Die strategische Nutzung der Verwirrung der Bevölkerung für politische Zwecke, zum Beispiel durch gezielte datengetriebene Manipulation, bringt Spielregel Nummer drei zu Fall. Menschen entscheiden nicht mehr frei. Sie entscheiden so, wie andere es wollen.

## DER VERLUST VON VERNUNFT UND DIGITALEN TALENTEN

Wer an einer europäischen Universität im Bereich Data-Analytics arbeitet, kann den sogenannten *Braindrain* aus nächster Nähe beobachten. An Universitäten haben wir das Privileg, mit jenen jungen Menschen zu arbeiten, die das Talent und die technischen Fähigkeiten besitzen, die Zukunft zu gestalten und die derzeit entwickelten technischen Innovationen und Neuerungen in der Gesellschaft umzusetzen. Wir sehen sie kommen und wir sehen sie gehen, wie das in der Wissenschaft seit jeher üblich ist. Die besten unter ihnen sehen wir meistens nur gehen. Wenige kommen als »Superstars« wieder zurück.

Dass wir diese Talente, die die Digitalisierung umsetzen können, um jeden Preis brauchen, das hat die Corona-Krise deutlich gezeigt. Sie machte erstmals den Umbruch für viele deutlich sichtbar, der sich schon seit einiger Zeit ankündigt. Die »neue Welt«, die gerade entsteht, werden nicht mehr jene bestimmen, die sie heute managen. Sie werden abgelöst von denen, die mit Daten umgehen können und sie nutzen. Die COVID-19-Krise hat gezeigt, dass diese Ablöse schneller stattfinden könnte, als es viele gedacht haben.

Binnen weniger Wochen fand ein Digitalisierungsschub statt. Viele Unternehmer stellten fest, wie gut Homeoffice funktioniert, wie problemlos Konferenzprogramme wie *Zoom* oder *Skype* Sitzungen in Besprechungsräumen ersetzen, und wie gut Mitarbeiter auch – oder gerade – zu Hause motiviert sind.

Viele sind überzeugt, dass es keine Rückkehr zur alten Normalität geben wird, etwa James Gorman, Chef der zweitgrößten US-Investmentbank *Morgan Stanley*. Er könne sich gut vorstellen, dass die Mehrheit seiner 80.000 Mitarbeiter auch in Zukunft zumindest teilweise zu Hause arbeitet. Nicht nur die Glaspaläste der Finanzwirtschaft in New York würden damit zu glänzenden Denkmälern einer analogen Vergangenheit. Viele Unternehmen werden nicht mehr in alte Strukturen investieren. Selbst im Fall eines steilen

Wirtschaftsaufschwungs werden viele nicht mehr alle Mitarbeiter zurückholen, die sie während der Krise entlassen oder in Kurzarbeit geschickt haben. Aber alle werden jene Mitarbeiter haben wollen, die digital kompetent sind und mit denen sie die Krise gemeistert haben.

## KRIEG UM TALENTE

Schon lange vor der Corona-Krise war ein weltweiter Kampf um digitale Talente ausgebrochen. Wer die Talente hat, wird die Zukunft bestimmen und gestalten. Wie wir gesehen haben, braucht es oft nur relativ wenige, dafür aber die Besten. Das New York Office von *Google* alleine beschäftigt knapp 4.000 der besten ComputerwissenschaftlerInnen, MathematikerInnen und PhysikerInnen, und möchte diese Zahl in den nächsten zehn Jahren verdoppeln. Das Durchschnittsgehalt eines Software-Ingenieurs liegt bei knapp 150.000 US-Dollar exklusive Bonus. Mit zusätzlichem Talent gibt es auch Einstiegsgehälter zwischen 200.000 und 300.000 US-Dollar. Keine Universität, keine Regierung, keine Stadtverwaltung der Welt kann mit solchen Gehältern mithalten. Zum Vergleich: Eine der bestzahlenden Universitäten, die *ETH Zürich*, entlohnt ihre ProfessorInnen mit ungefähr 190.000 bis 250.000 Euro jährlich.

Das führt notgedrungen dazu, dass die smartesten Kids von Datenkonzernen abgesaugt werden und weder für die unabhängige Forschung, die öffentliche Verwaltung, noch für andere gesellschaftlich relevante Bereiche zur Verfügung stehen. Das stellt für die Zivilgesellschaft ein massives Problem dar. Es erzeugt ein Daten-Ungleichgewicht zwischen einigen wenigen, die die Kontrolle haben, und dem großen Rest der Welt.

Die Gefahr der Monopolisten zeigt sich auch darin, dass sie bereits so mächtig sind, dass sie alles Neue kaufen können, um so ihre Vormachtstellung behalten und ausbauen zu können. Ein Beispiel ist Skype Technologies. Niklas Zennström und Janus Friis, ein Däne und ein Schwede, gründeten sie im Jahr 2003. Zunächst kaufte eBay das Programm im Jahr 2005 für 2,6 Milliarden Dollar. 2011 schließlich erwarb Microsoft es für 8,5 Milliarden. Das war zu diesem Zeitpunkt der teuerste Einkauf in der Geschichte von Microsoft.

Der Kampf um digitale Talente löst schon jetzt Wanderungsbewegungen aus, die das Gefüge des Wohlstandes in Europa und der ganzen Welt verschieben. Regionen mit digitaler Kompetenz werden weiterhin Wohlstand generieren und akkumulieren. Das Silicon Valley wird zu diesen digitalen Hubs gehören, in Europa vielleicht Cambridge. Rund um die äußerlich altehrwürdige, aber innerlich durch und durch moderne Universität Cambridge sind bereits zahllose digitale Unternehmen entstanden, darunter mehrere der sogenannten Unicorns, also Startup-Unternehmen mit einem Börsenwert jenseits einer Milliarde Dollar. Ob Städte wie Wien, München oder Köln hier in Zukunft mitspielen werden, ist alles andere als entschieden.

Die Anzahl der dort gesichteten Einhörner ist nicht so beeindruckend. Während in China im Jahr 2020 bereits 125 und in den USA 124 *Unicorns* existieren, sind es in Deutschland gerade einmal zwei. Städte, Regionen und Staaten, die diesen Kampf um Talente verlieren oder gar nicht erst führen, werden die digitalen Lösungen, die in den digitalen Hubs entstehen, nicht selbst entwickeln können, teuer zukaufen müssen und sich letztlich in eine teure selbstverschuldete digitale Abhängigkeit begeben.

## GEFAHREN DER DIGITALISIERUNG: DIE DIGITALE DIKTATUR

Dass die Digitalisierung, insbesondere das *Internet of Things*, das Zeug dazu hat, Arbeit neu zu definieren, und, dass in Zukunft große logistische Leistungen durch sehr wenige erbracht werden können, ist offensichtlich. Auch die Gefahren von *Nudging* und gezielter datenbasierter Manipulation haben wir aufgezeigt. Ein drittes Problemfeld ergibt sich aus der zunehmenden Informations-Ungleichheit, also aus dem Faktum, dass einige wenige Konzerne sehr viel über fast alle wissen, und umgekehrt, fast alle nichts über sie. Hier entstehen neue Abhängigkeiten, die ebenfalls das Potential haben, die Zivilgesellschaft zu Fall zu bringen.

Durch die Vielzahl von elektronischen Fingerabdrücken, die wir überall hinterlassen, lassen sich User-Profile anlegen. Durch Suchabfragen etwa, oder durch unsere Einwilligungen, detaillierte persönliche Informationen über uns preizugeben, um eine App verwenden zu können. Vollkommen freiwillig. Natürlich werden diese verwendet, und das nicht notwendigerweise in unserem Sinne.

Viele Nutzer sozialer Medien haben kein Problem damit, die Tiefen ihrer Seele, Krankengeschichten, sexuelle Präferenzen, politische Gesinnung, Fotos in allen möglichen Lebenslagen und ähnliches mehr freiwillig allen mitzuteilen. Oft hört man das Argument: »Jeder kann das wissen, ich habe ja nichts zu verbergen.«

Diese Einstellung zeugt von einer gewissen digitalen Unbekümmertheit, denn wie selbstverständlich geht man dabei davon aus, dass niemand diese Information jemals gegen uns verwenden wird. Unsere persönlichen Kommentare, unsere Fotos und *Likes* zu allen Lebenslagen. Sie definieren uns und machen uns transparent. Diese Informationen, wenn sie richtig genutzt werden und mit Erkenntnissen der Psychologie und Verhaltensbiologie kombiniert und angereichert werden, macht uns zu gut lenkbaren Konsumenten und Wählern.

Die globalen Datenmonopolisten umfassen die üblichen Verdächtigen, nämlich Unternehmen wie *Amazon, Google, Microsoft, Facebook* sowie Geheimdienste und Cyberabteilungen in den Verteidigungsministerien dieser Welt. Sie besitzen Nutzer-Daten in ungeheurem Ausmaß und lassen im Normalfall niemanden anderen wissen, welche Informationen über wen bekannt sind und wie diese genutzt werden.

*Google* besitzt die Suchabfragen, *Amazon* die Online-Bestellungen, *Facebook* die Sozialkontakte und *Microsoft* die

*Skype*-Kontakte. Viele der Onlinedienste, die verwertbare Informationen sammeln, gehören diesen Monopolisten. Einige drängen in den Gesundheitsbereich und verwenden Suchabfragen über Krankheiten, Herzrhythmus-Apps und Medikamentenbestellungen, um Informationen über den Gesundheitszustand von Nutzern zu erfahren.

Datenmonopolisten sind definitionsgemäß konkurrenzlos und nutzen ihr Wissen in ihrem Sinne. Das schränkt zum Teil unsere Freiheit ein, ein Gut, das wir uns in der Geschichte der westlichen Zivilgesellschaft bitter erkämpft haben.

## DIGITALER ANALPHABETISMUS

Die Situation ähnelt der von vor etwa 300 Jahren. Auch damals hatten einige wenige, meist Adel und Klerus, sehr viel Macht über sehr viele, konnten also bestimmen, wer zu arbeiten, wer Kriegsdienst zu leisten hatte und manchmal sogar, wer wem gehörte.

Der Großteil der Bevölkerung, damals typischerweise Analphabeten, verfügte nicht über die Mittel, sich zu organisieren und von den vorgegebenen Strukturen zu emanzipieren. Macht und hierarchische Netzwerke konnten aufgrund einer bestehenden Ungleichheit von Information und Bildung über viele Jahrhunderte aufrechterhalten werden.

Digitaler Analphabetismus bedeutet Unwissenheit darüber, was mit unseren Daten tatsächlich passiert. Niemand hat mehr den Überblick, wer welche Informationen über wen besitzt und wofür sie verwendet werden. Wir müssen erst verinnerlichen, dass alles, was wir tun, inklusive dem Hochladen der momentanen Befindlichkeiten und privaten Informationen in soziale Netzwerke, dass alles, was wir an Suchanfragen oder Foren-Meinungen tagtäglich ungefiltert in die Cloud stellen, alles, was wir von unserer Gesundheit preisgeben, für alle Zeiten gespeichert bleiben wird.

Wir müssen als Gesellschaft entscheiden, welche Art der Manipulation wir erlauben wollen und welche nicht: Wir haben Werbung für Zigaretten oder Medikamente verboten, wieso ist aber verdeckte personalisierte Werbung, die punktgenau auf unsere Psyche und Schwächen abzielt, erlaubt?

Wir lernen, dass Monopole im Kapitalismus verboten sind, weil sie den freien und fairen Wettbewerb verhindern. Wir haben klare Regeln zum Verbot von Monopolen. Wieso erlauben wir Datenmonopole? Wieso können Firmen wie *Google Alphabet* oder *Amazon* Imperien aufbauen, deren offensichtliches Ziel es ist, mittelfristig die gesamte Wertschöpfungskette zu dominieren? Warum scheinen Institutionen wie Staaten oder die EU unfähig, einzugreifen, die sich des Problems ja vollkommen bewusst sind? Es stellt sich die unangenehme Frage, ob Regierungen Datenmonopolisten überhaupt noch regulieren können.

Die erwähnten Datenmonopolisten mit einer Diktatur in der westlichen Zivilgesellschaft gleichzusetzen, wäre sicher nicht richtig. Aber die Möglichkeiten bestehen. Wie würden Sie reagieren, wenn Sie wüssten, dass all Ihre privaten Informationen von einem Regime chinesischen Zuschnitts zusammengeführt werden und gegen Sie, Ihre Freunde und gegen Ihre Familie verwendet werden? Dass Sie sich plötzlich verteidigen müssen, für etwas, das Sie vor drei Jahren auf *Facebook* im Scherz gesagt haben?

## CHINA MACHT ES VOR

China zeigt, wie Digitalisierung von einer winzigen Minderheit verwendet werden kann, um eine Diktatur über mehr als zwanzig Prozent der Weltbevölkerung erfolgreich auszuüben und dabei gleichzeitig eine drastische Verbesserung der wirtschaftlichen Situation zu erreichen.

Seit Jahren nutzt die chinesische Regierung strategisch digitale Möglichkeiten, ihre Bevölkerung flächendeckend zu überwachen und ignoriert dabei konsequent, was wir unter Menschenrechten, Demokratie und Gleichberechtigung verstehen. Sie demonstriert über ihre eigenen Grenzen hinaus, wie sich eine Gesellschaft vollständig überwachen lässt und wie ein Staat Einblick in die Privatsphäre der Individuen bekommt. Die chinesische Regierung inszeniert sich dabei mehr und mehr als das allen anderen überlegene System, zuletzt auch während der Corona-Krise.

Der chinesische Staatschef Xi Jinping setzt für seine Konzeption von Staat und Gesellschaft einen Machtumbau historischen Ausmaßes um. Seit 2013 Staatspräsident, ließ er den Volkskongress im März 2018 die Amtszeitbegrenzung aufheben, die in den 1980er-Jahren nach der Schreckensherrschaft Mao Tse-tungs eingeführt worden war. Als eines seiner zentralen Projekte lässt er ein digitales System entwickeln, mit dem ein paar wenige, nämlich die Protagonisten der kommunistischen Partei Chinas, sehr viele, nämlich die 1,4 Milliarden Chinesinnen und Chinesen, kontrollieren können. Rund um die Uhr und flächendeckend[40].

Teil dieses Totalüberwachungsprojekts ist der sogenannte *Citizen Score*, ein Bürgerkonto, mit dem das Verhalten der Menschen im Rahmen eines Punktesystems laufend beurteilt und bewertet wird. Alle starten mit einer gewissen Anzahl an Punkten. Wer sich gemäß den von der Regierung vorgegebenen Regeln gut verhält, bekommt Pluspunkte, unliebsames Verhalten bringt Abzüge.

Wer bestimmt, was gut ist und was böse? Natürlich diejenigen, die den Algorithmus unter Kontrolle haben – also die Partei. Haben Sie Ihre Steuern pünktlich bezahlt? Pluspunkt. Haben Sie Strom gespart? Pluspunkt. Sind Sie bei Rot über die Ampel gegangen? Minuspunkt. Haben Sie bei einer Volksbefragung unterschrieben? Fünf Minuspunkte. Für einen kritischen Artikel in sozialen Medien gibt es zehn Punkte Abzug, für offene Kritik an der Partei hundert.

Die zentrale Spielregel der neu entstehenden Gesellschaft in China wird das Sammeln von Sozialpunkten. Die Anzahl der Sozialpunkte bestimmt das Leben jeder Chinesin und jedes Chinesen. Sie bestimmt, ob jemand einen Kredit, eine Wohnung oder einen Rabatt bei der China-Version von *Amazon*, dem Online-Handelsgiganten *Alibaba* bekommt. Sie bestimmt auch, ob Eltern ihr Kind an eine bestimmte Schule schicken dürfen, ob jemand studieren darf oder einen Reisepass bekommt, ob sich jemand für einen bestimmten Job bewerben kann oder von diesem Jobangebot ausgeschlossen ist. Durch Fehlverhalten können auch Verwandte, FreundInnen und Bekannte bestraft werden. Wer Kontakt zu unliebsamen Personen, zum Beispiel zu kritischen UmweltaktivistInnen hält, riskiert Punkteabzüge.

Wer nur noch wenige Punkte hat, wird auf einer Schandtafel ausgestellt, einer Digitalversion des mittelalterlichen Prangers. Die Partei verfolgt und erzieht so die »schlechten« Mitglieder der Gesellschaft. In ganz China soll es bereits an die 600 Millionen Überwachungskameras geben. Wer sich etwas zuschulden kommen lässt und von einer der Kameras auf der Straße, in der U-Bahn oder im Stadion zum Beispiel mit Gesichtserkennung entdeckt wird, erscheint mit Foto und Beschreibung der Verfehlungen auf den nächstgelegenen Bildschirmen – für alle sichtbar, mit Namen und Vergehen. Auch zur Bekämpfung der Corona-Pandemie wurden diese Kameras verwendet, um Infizierte zu lokalisieren und Heimquarantäne zu überwachen. In vielen Gebäuden verschließen sich die Türen für Menschen mit Fieber.

Dieser scheinbare Science-Fiction-Horror ist Realität. Seit dem Jahr 2020 funktioniert der *Citizen Score* in ganz China so gut wie flächendeckend. In vielen Städten lief er bereits seit einigen Jahren im Testbetrieb. Er bewirkte unter anderem, dass bereits 2019 Millionen Chinesinnen und Chinesen kein Flugticket mehr kaufen konnten, weil ihr Verhalten nicht den Vorstellungen der Partei entsprach.

Das chinesische Bürgerkonto ist derzeit das wahrscheinlich ambitionierteste Big Data-Projekt der Welt. Es führt die digitalen Daten zusammen, die einzelne Personen hinterlassen, auf dem Handy, dem bargeldlosen Zahlungsmittel *WeChat Pay*, in den sozialen Medien, im Verkehr, oder im Onlinehandel. Dazu kommen Bewegungsprofile, Gesundheitsdaten, Verwandtschaftsbeziehungen, Melderegister, Steuerdaten, Gesichtserkennung und so weiter.

Was in China gegenwärtig passiert, sollte uns nicht egal sein, obwohl es uns vorerst nicht direkt betrifft. Denn dieses digitale Überwachungsprojekt könnte sich mit dem steigenden weltpolitischen Einfluss Chinas in anderen Teilen der Welt verbreiten. Für Machthaber, die nicht daran denken, ihre Macht bald abzugeben, kommt diese Technologie wie gerufen.

Mit einiger Wahrscheinlichkeit wird China binnen weniger Jahre zur führenden Wirtschaftsmacht aufsteigen. Mit seiner neuen Seidenstraße könnte China auch den Welthandel kontrollieren. Die Investitionen, die China derzeit in osteuropäischen Ländern tätigt, sind bereits so relevant, dass die Kommunistische Partei indirekt, etwa über ungarische und griechische Politiker, in Brüssel über ureigene europäische Themen de facto mitentscheidet. China nimmt laut China-Kenner Kai Strittenmatter somit bereits direkten Einfluss auf die EU-Politik und hat schon mehrfach die ohnehin schwierig umzusetzende Einigkeit Europas erfolgreich torpediert. Doch was ist die Alternative zum chinesischen Modell der digitalen Diktatur?

- Die Zivilgesellschaft besteht aus verwobenen dynamischen sozio-ökonomischen Netzwerken. Sie sind hierarchisch flach.
- Sie sind das Resultat demokratischer Spielregeln.
- Innerhalb dieser Regeln entstehen und funktionieren diese Netzwerke selbst-organisiert – weitgehend ohne zentrale Führer.
- Die Zivilgesellschaft produziert Wohlstand und Freiheiten für sehr viele.
- Globalisierung und Digitalisierung verursachen Druck auf weite Teile der Bevölkerung.
- Viele verlieren den Glauben an die demokratische Zivilgesellschaft.
- Populistische Strömungen versuchen, demokratische Institutionen durch hierarchische und diktatorische Netzwerkstrukturen zu ersetzen.
- Das birgt gesellschaftliche *Tipping Points*.
- Diktatorische Gesellschaften haben hierarchische Netzwerke. Populisten propagieren diese.
- China verwendet Digitalisierung für flächendeckende Überwachung.
- China ist wirtschaftlich effizient und kann die westliche Zivilgesellschaft wegen seiner schnelleren Entscheidungsprozesse – dank hierarchischer Netzwerke – ernsthaft herausfordern.

# KAPITEL 7: **GEFANGEN IM DILEMMA ODER SCHRITTE NACH VORNE?**

*Unser Wissen über miteinander verbundene, dynamische Netzwerke könnte ein neues Weltbild schaffen. Eine stimmige Möglichkeit, die Welt zu verstehen, ist es schon jetzt. Die Erkenntnisse, die wir daraus ziehen, machen unmittelbar praktischen Sinn. Etwa im Hinblick auf die zwei zentralen gegenwärtigen Probleme, die Klimakrise und die Krise der Zivilgesellschaft: Wir sehen, dass wir soziale Netzwerke schnell verändern müssen, um einerseits Emissionen radikal zu reduzieren, und andererseits die sozialen Netzwerke der Zivilgesellschaft resilienter zu machen. Die Wissenschaft der komplexen Systeme lehrt uns, welche Veränderungen überhaupt möglich sind und unter welchen Umständen sie auch schnell stattfinden können. Es besteht also Hoffnung, dass wir die Folgen der Klimakrise noch rechtzeitig abwenden und die freie, offene Gesellschaft bewahren. Zumindest ist das im Prinzip möglich.*

Das Leben ist gut in der virtuellen *Pardus*-Online-Welt. Avatare arbeiten, produzieren, handeln, organisieren, verwalten, machen Geschäfte, kümmern sich um sozialen Zusammenhalt und Ordnung, schließen sich zusammen, bilden Gruppen, Clubs, Parteien, Staaten, kooperieren oder stehen in erbitterter Konkurrenz zueinander. Die *Pardus*-Gesellschaft ist ein riesiges Netzwerk, das sich jede Sekunde verändert, die Spieler entwickeln sich, werden erfahrener, vermehren ihre Kompetenzen, werden reicher oder ärmer, wechseln ihre Jobs und so weiter.

Auch die Verbindungen und Beziehungen zwischen den Spielern verändern sich laufend. Neue Freundschaften entstehen, Avatare, die sich nicht kennen, kommen miteinander ins Gespräch, es entstehen neue Kooperationen, manchmal verfeinden sich Spieler für eine gewisse Zeit. Es entstehen Ideen, deren Umsetzung Zusammenarbeit mit anderen Avataren erfordert, ständig gilt es, sich an die Veränderungen in den sozialen Netzwerken anzupassen. Die *Pardus*-Gesellschaft ist ein extrem dynamisches System, ohne vorgegebene Ziele.

Die Ziele entstehen von innen, aus den Vorstellungen der Spieler heraus und bewirken so eine permanente Triebkraft für Veränderung in der virtuellen Gesellschaft. Die Eigenschaften der *Pardus*-Gesellschaft emergieren, sie entwickeln sich.

*Pardus* ist ein Paradebeispiel für ein komplexes System. Es führt uns vor Augen, dass wir, wenn wir wollen, eine Gesellschaft als gigantisches, sich ständig veränderndes Netzwerk von Netzwerken sehen können. Was wir daraus lernen können, haben wir in Kapitel eins gesehen.

## WELT OHNE EXISTENZIELLE KRISEN

So realistisch viele Aspekte des virtuellen Lebens im Computer Spiel *Pardus* auch sind, die knapp 500.000 Spieler und Spielerinnen haben einige entscheidende Vorteile. So gibt es im *Pardus*-Universum keine Krisen, welche die Zivilisation bedrohen. Es gibt zwar auch in *Pardus* große Probleme, die lästig sind und welche viele Spieler auf verschiedenste Art und Weise betreffen, sie gefährden aber die Existenz des Spiels und seiner Spieler nicht. Von Zeit zu Zeit treten zum Beispiel Ungezieferplagen auf, Weltraum-Heuschreckenschwärme, denen die Spieler nur durch gemeinschaftlich koordinierte Aktionen Herr werden können. Aber sie werden ihrer Herr.

Auch herrscht manchmal Krieg im *Pardus*-Universum. Tausende Spieler bekämpfen einander über Wochen und Monate hinweg und zerstören sich dabei gegenseitig ihr virtuelles Hab und Gut und ihre Infrastruktur. Der große Vorteil der Avatare gegenüber Menschen in der »echten Welt« ist, dass im *Pardus*-Universum niemand stirbt. Man kann ärmer werden und durch falsche Entscheidungen vielleicht einige Skills verlieren, aber das Leben verliert man nicht.

Ein weiterer Vorteil des *Pardus*-Universums im Vergleich zur echten Welt besteht darin, dass es dort weder eine Klimakrise noch eine Krise der Zivilgesellschaft gibt. Das Spiel ist so konzipiert und so gebaut, dass es nicht kollabieren kann. Die beiden genialen Entwickler haben bei der Programmierung sehr darauf geachtet, dass es weder durch Aktionen von einzelnen Avataren, noch durch kollektives Verhalten in der Gesellschaft zum Kollaps kommen kann. Zu einem Kollaps, wie wir ihn in Kapitel drei kennengelernt haben, bei dem sich Netzwerke schnell und drastisch verändern und der das Spiel uninteressant machen würde, kann es nicht kommen. Es kann zum Beispiel nicht passieren, dass eine Gruppe von Spielern die Kontrolle über die Wirtschaft übernimmt, etwa durch die Bildung riesiger Konzerne, oder durch politische Dominanz einzelner Gruppen, die dann Druck auf viele andere Spieler ausüben können. Solche Möglichkeiten haben die Programmierer von Anfang an bedacht und durch Details in der Programmierung ausgeschlossen.

Das *Pardus*-Universum ist also bemerkenswert robust und resilient. Es könnte durchaus das darstellen, was wir uns für die echte Welt wünschen würden: Ein komplexes, vielfältiges, sich ständig veränderndes und evolvierendes System, das nicht kollabieren kann und das, obwohl es alles andere als starr und langweilig ist.

## KOMPLEXE SYSTEME, DIE NICHT KOLLABIEREN?

Wie ist das möglich? Die Programmierer haben im *Pardus*-Spiel Korrekturmechanismen eingebaut, um das Spiel in sinnvollen Bahnen zu halten. Die Möglichkeiten der Spieler sind, bei all ihrer Freiheit, in bestimmten Punkten so eingeschränkt, dass sie das Spiel einfach nicht zerstören können. Anders ausgedrückt: Die Programmierer haben mit diesen Korrekturmechanismen die *Tipping Points* so verschoben, dass diese nicht mehr erreichbar sind. Das System ist also vor einem Kollaps sicher.

Und das, obwohl das Spiel komplex ist, obwohl tausende Spieler verschiedenste Interessen verfolgen, obwohl es adaptiv ist und sich dutzende Netzwerke permanent gleichzeitig verändern und obwohl es zu Kettenreaktionen kommen kann, die aber eben nie systemkritisch sind. Das

*Pardus*-Universum beweist, dass die Komplexität in sozialen Systemen beherrschbar sein kann – mit der Einführung von einigen, wenigen Einschränkungen für individuelles Verhalten, von Regeln, die wir kaum wahrnehmen und die niemandem wehtun.

In der echten Welt müssten wir »Spieler« solche Korrekturmechanismen, die zum Schutz des Planeten und der Gesellschaft dienen, erst selbst entdecken und dann auch durchsetzen. Wir müssten uns selbst gewisse Einschränkungen auferlegen, was natürlich viele nicht wollen. Die Wissenschaft müsste diese Mechanismen entdecken, die Politik müsste sie umsetzen. Die Wissenschaft müsste die *Tipping Points* identifizieren und die Politik müsste praktikable und zumutbare Verhaltensregeln ableiten, mit dem Ziel, dass die Kipp-Punkte niemals erreicht werden.

## WOZU WISSENSCHAFT VON NETZWERKEN UND KOMPLEXEN SYSTEMEN?

Nichts anderes als die Wissenschaft kann diesen Beitrag leisten. Nicht Ideologie, nicht Religion, nicht Macht, Autorität oder Politik, ausschließlich die Wissenschaft, basierend auf korrekt erhobenen Daten, wird diese *Tipping Points* identifizieren, soweit dies überhaupt möglich ist. In weiterer Folge wird auch die Wissenschaft überwachen, ob wir uns auf *Tipping Points* zubewegen, oder ob man Entwarnung geben kann.

Dieses Monitoring können wir uns etwa so vorstellen, wie wir es von der COVID-19-Krise kennen. Sinken die Infektionszahlen in einer Region, kann man die einschränkenden Maßnahmen des *Social Distancing* zurücknehmen, steigen sie und nähert man sich einer kritischen Infektionsrate, verstärkt man sie wieder.

Für dieses Monitoring braucht es einerseits Daten, die uns durch die Digitalisierung mehr und mehr zur Verfügung stehen werden, andererseits die Kenntnis darüber, wie gut welche Maßnahmen dazu beitragen, uns von den *Tipping Points* wegzubewegen. Hier ist die Wissenschaft erst am Anfang.

In Kapitel vier haben wir gesehen, dass es theoretisch bereits möglich ist, Regeln so zu gestalten, dass das geänderte Verhalten die zugrundeliegenden Netzwerke so verändert, dass ein Kollaps kaum noch stattfinden kann. Allerdings funktioniert das nur, wenn man diese Netzwerke auch im Detail kennt. Bis vor wenigen Jahren war es vollkommen undenkbar, Netzwerke in sozialen, ökonomischen oder ökologischen Systemen mit der notwendigen Präzision zu erheben. Dass das aber möglich ist, haben wir in den Beispielen der virtuellen *Pardus*-Welt und der Finanzdaten gelernt.

### EINE WELT MIT DIGITALER KOPIE

*Pardus* ist die erste Welt mit einer vollständigen *digitalen Kopie*. Alles, die gesamte Geschichte des *Pardus*-Universums, ist mitgeschrieben – bis ins kleinste Detail. Jede Bewegung, jede Handlung, jede Veränderung, jede Interaktion zwischen Avataren, alles ist archiviert. Man könnte die Geschichte der *Pardus*-Gesellschaft noch einmal ablaufen lassen. Man könnte damit versuchen, jedes stattgefundene Ereignis aufgrund von vorhergegangenen Ereignissen und Interaktionen zu verstehen. Man kann jedem Ereignis sprichwörtlich auf den Grund gehen und erstmals im wahrsten Sinne des Wortes zusehen, wie der Homo Sapiens seine sozialen Netzwerke knüpft. Man kann beobachten, wie Männer und Frauen verschieden agieren, wie sie ihre sozialen Netzwerke anders organisieren und nutzen, wie sie mit Aggression und Gewalt unterschiedlich umgehen, wieso manche reich und andere arm werden und wie sozialer Zusammenhalt und Umverteilung funktionieren. Mit der *digitalen Kopie* von *Pardus* kann man nachvollziehen, wie es zu Konflikten kommt, wie sie sich verstärken und zu Kriegen führen, und was diese Kriege wiederum im Sozialverhalten und in der virtuellen Wirtschaft auslösen.

Die *digitale Kopie* der *Pardus*-Welt ist an sich schon ein einmaliger Datenschatz, der uns den Homo Sapiens als netzwerkbildende Spezies besser verstehen lässt. Aber um wieviel umwerfender ist es, sich die Möglichkeiten vorzustellen, welche die *digitale Kopie* der echten Welt, die gerade entsteht, und die wir eben erst zu nutzen beginnen, bietet – mit ihren noch vollkommen unabsehbaren Folgen für die zukünftige Entwicklung der Welt und der Gesellschaft.

Mit diesen Daten haben wir eventuell erstmals die Voraussetzungen zur Hand, um die großen gegenwärtigen Krisen proaktiv zu meistern, bevor sie unumkehrbar werden. Mit anderen Worten, wir kommen in die Position, die Klippen der Krisen zu umschiffen, weil wir erstmals entsprechende Karten zeichnen können.

Im Zusammenhang mit der Klimakrise funktioniert das Monitoring bereits zu einem gewissen Grad. Wir wissen mit großer Sicherheit, dass wir auf *Tipping Points* zusteuern, bei deren Überschreitung die Veränderungen für die Lebensqualität auf dem Planeten irreversibel werden.

Eine vollständige *digitale Kopie* des Planeten, vergleichbar mit der der *Pardus*-Welt, birgt andererseits riesige Gefahren für massive Manipulation und die Verletzung der Privatsphäre, die es um jeden Preis zu kontrollieren gilt, um die Zivilgesellschaft auch von dieser Seite zu schützen.

## DIE ECHTE WELT KANN KOLLABIEREN

Das Leben ist auch gut in der echten Welt – im Großen und Ganzen. Menschen arbeiten, produzieren, handeln, organisieren, verwalten, machen Geschäfte, kümmern sich um sozialen Zusammenhalt und Ordnung, schließen sich zusammen, bilden Gruppen, Clubs, Parteien, Staaten, kooperieren oder stehen in erbitterter Konkurrenz zueinander, meist friedlich und sehr effizient. Und das, obwohl weltweit beinahe acht Milliarden Menschen den Planeten bevölkern.

Es ist eine großartige Kulturleistung, wie es die westlichen Gesellschaften geschafft haben, sich zu organisieren, vor allem in Europa. Sie beruhen auf einem großen Maß an individueller Freiheit, und funktionieren – und auch das ist einmalig – praktisch ohne Gewalt und ohne Diktatoren, natürlich mit den bekannten Ausnahmen. Sie basieren auf Mechanismen, kollektiven Konsens zu finden, auf dem Funktionieren von Institutionen, auf einem Prinzip der Fairness, auf dem Bekenntnis zum Sozialstaat und der Umverteilung sowie auf einer friedlichen Machtübergabe nach demokratischen Wahlen.

Durch diese Mechanismen ist es möglich, dass heute fast alle weitaus bequemer und komfortabler leben als Könige und Milliardäre vor hundert Jahren. Hinter diesen Erfolgen stehen Strukturen, Spielregeln, die ganz spezielle Typen von Netzwerken entstehen lassen. Diese Netzwerke und ihre Dynamik bestimmen unsere Gesellschaft.

Dank ihrer relativ widerspruchsfreien demokratischen Bauart, der großen Freiheit der einzelnen Akteure und wegen der vielfältig verwobenen und selbst-organisierenden sozio-ökonomischen Netzwerke ist die westliche Gesellschaft kreativ, innovativ, anpassungsfähig und resilient. Sie hat große Katastrophen überlebt, und sie hat beachtliche Strahlkraft entwickelt. Von 1970 bis 2010 ist die Zahl der demokratischen Staaten dadurch von 35 auf über 100 angewachsen. Die Wirtschaftsleistung der demokratischen Länder hat sich im gleichen Zeitraum vervierfacht. Die Armut sank von etwa vierzig Prozent der Weltbevölkerung im Jahr 1993 auf unter zwanzig Prozent. Unsere Zivilgesellschaft ist stärker und kreativer als andere Gesellschaften der Gegenwart und der Vergangenheit.

Wie Yuval N. Harari in seinem Buch *Homo Deus* meint, hat es die westliche Gesellschaft geschafft, dass der Mensch erstmals in seiner Geschichte nicht mehr überwiegend an Hunger, Seuchen oder Krieg stirbt. Obwohl das derzeit vielleicht noch nicht ganz stimmt, befinden wir uns doch auf dem Weg in diese Richtung. Eigentlich ist die westliche eine großartige Welt, die sich auf vielen Wegen in die richtige Richtung bewegt, die aber leider mit zwei fundamentalen Problemen konfrontiert ist.

## KLIMAKRISE UND KRISE DER ZIVILGESELLSCHAFT

Wie wir in den Kapiteln fünf und sechs ausführlich besprochen haben, gibt es zwei große Problemkreise, deren Lösungen zentral sind für die weitere Zukunft des Planeten und für die Art und Weise, wie sich die westliche Gesellschaft weiterentwickeln wird. Zum einen konfrontiert uns die Klimakrise mit der Frage, wie sich die Bewohnbarkeit des Planeten in Folge des Klimawandels verändern wird und welche Folgen das für Migration, Ernährung, Behausung, soziales Zusammenleben und die Artenvielfalt haben wird. Letztlich geht es um die Frage, ob sich die *Carrying Capacity* in Folge des Klimawandels reduzieren wird. Wenn das der Fall ist, würde dies einen Rückgang der Weltbevölkerung bedeuten, was, wenn es schnell passiert, eine menschliche Katastrophe ungeheuren Ausmaßes bedeuten würde.

Zum anderen wuchs im vergangenen Jahrzehnt in weiten Teilen der Bevölkerung die Skepsis gegenüber der gegenwärtigen westlichen Gesellschaftsstruktur. Im Speziellen nahm der Unmut gegenüber den demokratischen Spielregeln, den gesellschaftlichen Institutionen und dem »Establishment« zu. Sie werden als unfair und nicht mehr funktionsfähig wahrgenommen und dargestellt. In vielen Ländern hat die politische Strömung, die diesen Unmut artikuliert, ihren Niederschlag in meist nationalistischen Führern gefunden, die offen gegen Demokratie, freie Presse, freie Meinungsäußerung, NGOs und andere Institutionen vorgehen und die sogenannte »illiberale Demokratie« propagieren, also die undemokratische Demokratie – sprich, die Diktatur. Wie wir in Kapitel sechs besprochen haben, birgt die Gefahr eines Zusammenbruchs der Regeln der westlichen Zivilgesellschaft nicht nur den Verlust an persönlichen Freiheiten weiter Teile der Bevölkerung – besonders ihrer Minderheiten – sondern auch den Verlust der Kreativität und Anpassungsfähigkeit der Gesellschaft, die sie so stark und letztlich auch reich gemacht haben.

Die Lösung der »großen Probleme« laufen letztlich auf den Schutz des Planeten und den Schutz der Zivilgesellschaft hinaus. In beiden Fällen tickt die Uhr. Der Schutz des Planeten verlangt – allem voran – eine Reduktion der Treibhausgase. Treibhausgase entstehen nicht nur im Verkehr, dem Transport und der Industrie. Ein beträchtlicher Teil wird beim Bau und der Erhaltung von Infrastruktur – den Städten, Autobahnen, Flughäfen oder Bahnlinien – freigesetzt.

Wie besprochen, ist es wesentlich schwieriger, Emissionen in diesem Bereich einzuschränken, als etwa bei der Mobilität auf erneuerbare Energien umzuschwenken. Die Vernachlässigung der Infrastruktur würde in unseren Breiten unmittelbar den Verfall und den Niedergang der Lebensqualität in den Städten bedeuten. Der Planet erlebt derzeit einen massiven Schub an Urbanisierung. Weltweit ziehen Menschen scharenweise von den ländlichen Regionen in die Städte, besonders in den weniger entwickelten Ländern. Man vermutet, dass sich die Zahl der in Städten lebenden Menschen in den kommenden achtzig Jahren in etwa verdoppeln wird. Den Bau von Städten und der zugehörigen Infrastruktur zu stoppen, würde bedeuten, einem großen Teil der Bevölkerung in Südasien und Afrika vernünftige Lebensbedingungen vorzuenthalten.

## PLANET ODER MENSCHENRECHTE

Wir sind also mit einem Dilemma konfrontiert: Versuchen wir, den Planeten vor Treibhausgasen zu retten, bedeutet das, einem Teil der Bevölkerung menschenwürdige Lebensbedingungen zu verweigern. Schließen sich der Schutz des Planeten und die Umsetzung von fundamentalen Menschenrechten für alle Menschen also gegenseitig aus?

Ein weiteres Dilemma tritt im Zusammenhang mit dem Schutz der Zivilgesellschaft auf. Eine Grundfeste der westlichen Gesellschaft ist die freie Meinungsäußerung. Dürfen wir – um die Zivilgesellschaft zu schützen – die Meinungsäußerung für Personen und Parteien einschränken, die überzeugt sind, dass Demokratie nicht funktioniert und sie und ihre Institutionen abgeschafft werden sollten? Oder zerstören wir sie gerade durch diese Einschränkungen, da wir ja damit offensichtlich die zentrale Grundfeste der Meinungsfreiheit aufgeben?

Ist die Zivilgesellschaft also dazu verdammt, mitansehen zu müssen, wie sie mit Hilfe von *Fake News*, Demagogie und Verhetzung abgeschafft wird? Oder anders gefragt: Kann eine offene Zivilgesellschaft *Fake News* und Falschmeldungen überhaupt unterbinden, ohne sich damit selbst abzuschaffen?

In Mitteleuropa erscheint es zwar vielen klar, dass ein vernünftiger, pragmatischer Weg gefunden werden muss und gewisse Einschränkungen zumindest zeitweise sinnvoll sind. Aber die philosophische Frage bleibt: Wenn die Zivilgesellschaft beginnt, zu ihrem Schutz Freiheiten einzuschränken, wo hört sie damit auf? Im schlechtesten Fall schafft sie eine Fülle von Einschränkungen, welche die Zivilgesellschaft letztlich gleich unfrei machen wie ihre Feinde.

Es ist die Natur eines Dilemmas, dass es nicht zu lösen ist. Beide Dilemmata werden uns wohl noch über die nächsten Jahre begleiten.


## WAS TUN?

Viele beschleicht das Gefühl, dass wir als einzelne Menschen im Hinblick auf diese Probleme nichts ausrichten können. Dieses Gefühl der Ohnmacht ist begründet. Als einzelne Personen sind wir in soziale, wirtschaftliche, finanzielle und Produktions-Netzwerke eingebettet oder, weniger nett formuliert, in ihnen gefangen. Unser Handlungsspielraum innerhalb dieser Netzwerke ist oft sehr begrenzt. Die Erwartungen derer, mit denen wir im Netzwerk verbunden sind, und unsere Verbindlichkeiten gegenüber ihnen sind oft derart stark, dass wir nicht handeln können, selbst wenn wir es wollten. Verhaltensweisen und Handlungen, die von den erwarteten Verhaltensweisen und Handlungen in den verschiedenen Netzwerken abweichen, produzieren oft Stress für die Handelnden.

Andererseits, selbst wenn Einzelne ihr Verhalten innerhalb dieser Netzwerke drastisch verändern, würde das die Netzwerke wohl nur minimal verändern. Eine Verhaltensänderung bewirkt also nicht nur wenig, – oder überhaupt nichts – sie produziert auch Stress und manchmal schaden wir uns durch unerwartetes Handeln sogar selbst und unserer Umgebung im Netzwerk. Aus demselben Grund können selbst mächtige Personen oft erstaunlich wenig tun und ausrichten, auch wenn sie es wollen. Die sozio-ökonomischen Netzwerke sind so dicht, dass sie von einzelnen Knoten aus praktisch nicht zu verändern sind. Also alles aussichtslos?

## TIPPING POINTS VERSCHIEBEN

Netzwerke können sich aber sehr wohl sehr schnell und drastisch verändern, wenn sich die Regeln, wie Links erzeugt werden, ändern. Die Wissenschaft komplexer Systeme lehrt uns, dass selbst sehr kleine Änderungen der Regeln zu massiven Änderungen in der Struktur und Funktionsweise von Netzwerken führen können. Eine Veränderung der Interaktionsregeln in einem dynamischen Netzwerk kann die *Tipping Points* verschieben. Einerseits, um ein System resilienter und sicherer zu machen, wie wir es im Beispiel des Finanzmarktes diskutiert haben, andererseits kann man auch versuchen, *Tipping Points* bewusst zu erreichen, um einen Wandel eines Systems schnell herbeizuführen. Im Zusammenhang mit der *Grünen Wende* etwa könnte man also versuchen, durch das Identifizieren der entsprechenden *Tipping Points* rasch in eine karbon-neutrale Welt zu gelangen, deren Netzwerke dann natürlich anders aussehen als die bisherigen.

Das Erreichen von *Tipping Points* hat viel mit dem Bewusstmachen zu tun, dass individuelles Handeln – wenn es viele im Netzwerk *gleichzeitig* tun – sehr wohl massive Veränderungen auslösen kann. Man muss sich zunächst bewusst machen, dass es für jede und jeden eine Reihe von Handlungsmöglichkeiten gibt, die zu einer Reduktion der Treibhausgasemissionen führen, die unsere Lebensqualität nicht oder kaum einschränken.

Wir können uns das so vorstellen, dass sich die Knoten in einem Netzwerk darauf vorbereiten, ihre Eigenschaften und ihre lokalen Verbindungen etwas zu verändern. Wenn viele Knoten für eine Veränderung (mental) vorbereitet sind, kann eine globale Veränderung tatsächlich blitzartig – in Form einer Kettenreaktion – stattfinden. Es bedarf dazu dann nur mehr kleiner Auslöser.

Die *Grüne Wende* könnte also sehr schnell gelingen, etwa vergleichbar mit dem blitzartigen Zusammenbruch des Sowjet-Imperiums. Der entsprechende Vorbereitungsprozess, dass wir unsere Lebensweisen individuell anpassen müssen, um die Klimakrise abzuwenden, hat natürlich längst begonnen und schlägt sich im Boom erneuerbarer Energien, im Trend zum Umstieg vom Auto auf öffentliche Verkehrsmittel, Fahrrad und Roller nieder. Erste Klima-Klagen werden eingebracht, ein allmählicher Verzicht auf Fleischkonsum setzt ein und Bewegungen wie *Fridays for Future* entstehen. Das ist wahrscheinlich noch nicht genug. Könnte man diese *Tipping Points* nicht schneller erreichen?

Ein zentrales Problem im Zusammenhang mit der Klimakrise ist, dass nirgendwo geregelt ist, wie mit der Zerstörung von globalem Allgemeingut umgegangen wird. In unserem Rechtssystem ist gut geregelt, wie im Fall von Zerstörung von persönlichem Eigentum vorgegangen wird. Wenn jemand das Auto seiner Nachbarin anzündet, ist klar, was passiert. Der Unhold muss den Schaden wiedergutmachen und wird bestraft. Wenn aber eine Fabrik durch ihre Emissionen die Resilienz und die Lebensqualität des Planeten für die nächste Generation reduziert, was passiert dann? Nach welchen Prinzipien geht man hier vor? Wer ist zuständig? Wer kann die Shareholder der Fabrik klagen? Wer bekommt den Schadenersatz?

Dasselbe Problem tritt auch auf der persönlichen Ebene auf. Die Emissionen, die meine Fernreise verursacht, die mein Auto, meine Heizung, und mein Fleischkonsum erzeugen – wer kann mich dafür zur Rechenschaft ziehen? Heute eigentlich niemand. Weder der Planet klagt mich an, noch die ungeborene Generation meiner Urenkel. Oder hört man doch bereits erste Klagen?

Wer ist also zuständig? Staaten? Die EU? Der Europäische Gerichtshof? Die Vereinten Nationen? Es gibt derzeit keine globale Institution, die zuständig ist und planetare Rechte auch einklagen könnte. Es fehlt nicht an symbolischen Gesten, wie dem Pariser Abkommen, den *Sustainable Development Goals* der UNO oder dem Emissionshandel mit $CO_2$-Zertifikaten. Aber es fehlt eine global handlungsfähige Institution. Und es fehlen die globalen Rechte des Planeten.

## NEUE SPIELREGELN – DER PLANET BEKOMMT RECHTE

Ich möchte dieses Buch mit einer idealistischen Vision beenden. Meiner Meinung nach wären drei konkrete Schritte notwendig, um den *Tipping Point* für einen schnellen Ausstieg aus den $CO_2$-Emissionen zu erreichen: Erstens die Formulierung der Rechte des Planeten. Zweitens das Bekenntnis weiter Teile der Bevölkerung zu diesen Rechten, und drittens die Schaffung einer exekutiven Macht – einer Institution – zur Überwachung der Einhaltung der Planetaren Rechte.

Wo sollten diese »Rechte des Planeten« festgeschrieben sein? Eine Möglichkeit wäre zum Beispiel in einem Update der *Erklärung der allgemeinen Menschenrechte*, einem idealistischen Text, der die Rechte, die jedem Menschen zustehen, und einige Prinzipien des menschlichen Umgangs miteinander festlegt. Sie wurde 1948 von der UNO als Deklaration verabschiedet. Zu dieser Zeit nach dem

Zweiten Weltkrieg war man bemüht, die Grundlagen für den Aufbau einer neuen demokratischen Zivilgesellschaft zu schaffen. Die Endlichkeit des Planeten spielte dabei noch keine Rolle, auch existierte keine Klimakrise. 1948 war nicht abzusehen, wie die damals gerade erfundenen Computer die Welt siebzig Jahre später verändern würden, und welche Gefahren für den Missbrauch der Privatsphäre durch Big Data und Digitalisierung entstehen würden.

Obwohl die *Erklärung der allgemeinen Menschenrechte* nach wie vor ein zentrales Dokument ist, wäre jetzt die Zeit reif, sie anzupassen und um die Rechte des Planeten, ein Recht der noch nicht geborenen Generation und um ein fundamentales persönliches Datenrecht zu erweitern. So ein Zusatz könnte zum Beispiel so lauten:

> 1. *Der Planet, also die Umwelt und das Klima, besitzt einklagbare Rechte. Wer sie schädigt, wird dazu verpflichtet, die Kosten für Schäden an diejenigen Institutionen zu zahlen, die sie beheben können. Wer die Kosten für absehbare Schäden an Umwelt oder Klima der Erde nicht hinterlegen kann, darf potentiell schädliche Tätigkeiten nicht ausführen.*

Dieser Paragraph regelt die Verantwortung für die Schädigung von Allgemeingut, die heute oft folgenlos bleibt. In ähnlicher Weise bekommen die nächsten Generationen Rechte, die ihr einen funktionierenden Lebensraum garantieren. Etwa dieser Art:

*2. Die nächsten, noch nicht existierenden Generationen haben einklagbare Rechte. Der Planet muss für weitere Generationen die physische Basis für menschliches Leben in Würde bleiben können. Wer ihn nachhaltig schädigt, begeht ein Verbrechen gegen die Menschlichkeit.*

Und schließlich wird der Missbrauch von Daten gegen Individuen mit einem zusätzlichen Menschenrecht ausgeschlossen. Zum Beispiel mit der Formulierung:

*3. Jeder Mensch hat das einklagbare Recht, dass seine Daten weder gegen ihn, noch gegen andere verwendet werden dürfen. Jeder Mensch hat das Recht auf korrekte Information. Wer persönliche Daten und Transparenz zum Schaden anderer verwendet, begeht ein Verbrechen.*

## KONSEQUENZEN?

Angenommen, diese Rechte würden als zusätzliche verbindliche Spielregen etabliert werden, hätte das erhebliche Konsequenzen. Handlungen, die zur Erzeugung von Treibhausgasen führen, wären sehr vorsichtig abzuwägen. Wer möglicherweise großen öffentlichen Schaden an Allgemeingut produziert, muss bereits im Vorhinein Geld für dessen Behebung zurücklegen, ähnlich wie beim Konzept der *Systemic Risk Tax*, die wir in Kapitel vier im Zusammenhang mit systemischem Finanzrisiko besprochen haben.

Der erste Zusatz würde zu einer Kultur der Folgenabschätzung führen und zu einer vollkommenen Neubewertung von Allgemeingut und der Konsequenzen bei dessen Zerstörung.

Der zweite Zusatz könnte zu einer Kultur der Nachhaltigkeit führen, die es in der Praxis der Demokratie gegenwärtig kaum gibt, da die Politik üblicherweise von einem Wahlkampf bis zum nächsten denkt und kaum weiter.

Der dritte Zusatz soll den Umgang mit Daten, Big Data und Digitalisierung neu definieren. Man würde nicht mehr alles machen, was mit Daten machbar ist, wie das noch in vielen Teilen der Welt geschieht, sondern man müsste verbindlich garantieren, dass niemand geschädigt werden kann, wenn Daten verwendet werden. Mit einem einklagbaren Recht auf korrekte Information könnte man gegen *Fake News* gerichtlich vorgehen. Das würde zu einer Kultur der Verantwortung für korrekte Information führen. Solche oder ähnliche zusätzliche Spielregeln könnten die Welt verändern, sie im Umweltbereich resilienter und in der Zivilgesellschaft stärker und fairer machen.

Die Vorstellung von einem einklagbaren Recht des Planeten ist natürlich idealistisch. Selbst, wenn entsprechende Erweiterungen Eingang in die *Erklärung der allgemeinen Menschenrechte* finden würden, wäre das Ziel noch nicht erreicht. Man muss sich vor Augen halten, dass selbst die Menschenrechte rechtlich nicht bindend sind. Viele Staaten bekennen sich zwar zu ihnen – sogar fast alle – aber sie sind wie gesagt ein idealistischer Text, ohne rechtlichen Wert. Man kann die Menschenrechte nicht einklagen.

Man kann Staaten, die Menschenrechte verletzen, nicht sanktionieren.

## PROGRAMM ZUR UMSETZUNG – AUFKLÄRUNG 2.0

Wer soll sich also einem derart aussichtslosen Unterfangen verschreiben? Vielleicht ist die gegenwärtige Situation vergleichbar mit dem Beginn der Aufklärung im 18. Jahrhundert vor allem in Frankreich, als mehr und mehr Menschen – zunächst meist Idealisten – die Meinung vertraten, dass die Ungleichheit zwischen Adel und Klerus auf der einen Seite und der Bürger auf der anderen mit humanistischen Idealen unvereinbar sei und Werte wie Freiheit und Gleichheit für alle gelten sollten. Damals war das ein nicht weniger aussichtsloser Plan.

In einem viele Jahrzehnte während Prozess haben sich diese idealistischen Ideen in den Köpfen – erst bei Vordenkern, dann in immer breiteren Gesellschaftsschichten »vorbereitet«, ohne dass sie irgendeine Veränderung bewirkt hätten. Diese lange und gründliche Vorbereitungszeit, die wir heute »Aufklärung« nennen, hat schließlich aber dazu geführt, dass in Frankreich im Jahr 1789 ein fast 2000 Jahre altes Herrschaftssystem blitzartig – innerhalb weniger Tage – durch ein vollkommen neues Gesellschaftssystem ersetzt wurde, das in den Grundzügen bis heute besteht.

Vielleicht erleben wir derzeit eine ähnliche Vorbereitung für ein abruptes Ende der Ära der Fossilen Energie, die an einem »positiven« *Tipping Point* endet. In sehr vielen Köpfen und Institutionen entsteht derzeit ein Bewusstsein für die elementare Wichtigkeit des Problems. Anzeichen dafür sind überall sichtbar. Zum Beispiel in Form der erwähnten, im Jahr 2015 von der UNO vorgeschlagenen, *Sustainable Development Goals*, die ein prominenter Schritt in diese Richtung sind. Die Generalversammlung hat 17 miteinander zusammenhängende Ziele vorgegeben, die bis zum Jahr 2030 erreicht werden sollen[41]. Auch wurden bereits mehr als tausend sogenannte Klima-Klagen in verschiedenen Gerichten weltweit eingereicht[42]. Das sind gerichtliche Klagen, die die Schäden, die im Zuge der Klimakrise entstehen, rechtlich geltend machen.

Dass bisher nur eine einzige dieser Klagen gegen einen Staat, die Niederlande, erfolgreich war, mag auf den ersten Blick deprimierend klingen, ist aber ein sensationeller erster Erfolg. Es zeigt, dass es prinzipiell möglich ist, dass auch der Planet in nicht allzu ferner Zukunft tatsächlich so etwas wie einklagbare Rechte bekommen könnte.

Klima-Klagen schaffen durch ihre mediale Präsenz Bewusstsein in vielen Köpfen. Dieses Bewusstsein ist die vermeintlich unsichtbare, aber unabdingbare Voraussetzung für den schnellen und nachhaltigen Wandel. Wer auch immer dazu beiträgt, den *Tipping Point* für diesen Wandel noch zeitgerecht zu erreichen, hat das Zeug dazu, positiv in die Geschichte einzugehen: Als Aufklärer unserer Zeit, der die Aufklärung 2.0 vorantreibet – als digitaler Humanist oder digitale Humanistin.

## DANKSAGUNG

Ich möchte mich bei Franziska Forbecini, Rainer Vierlinger, Theresia Friedl und Verena Ahne bedanken, die mich kritisch begleitet haben, bei einer Gruppe von Freunden, mit denen ich einige der Themen regelmäßig diskutieren konnte, und bei Silvia Jelencic und Bernhard Salomon vom Verlag für ihre Unterstützung durch den gesamten Entstehungsprozess.

## ENDNOTEN

1   Pardus: Massive Multiplayer Online Browser Game. (o. J.). Pardus. Abgerufen 31. August 2020, von https://www.pardus.at

2   Heider, F. (1946). Attitudes and Cognitive Organization. The Journal of Psychology, 21(1), 107–112. https://doi.org/10.1080/0022398 0.1946.9917275

3   Szell, M., Lambiotte, R. & Thurner, S. (2010). Multirelational organization of large-scale social networks in an online world. Proceedings of the National Academy of Sciences, 107(31), 13636–13641. https://doi.org/10.1073/pnas.1004008107

4   de Chosal, C. B. (2017). The End of Democracy. Tumblar House.

5   Kottke, J. (2019, Mai 9). The Lifespans of Ancient Civilizations. kottke.org. Abgerufen 31. August 2020, von https://kottke.org/19/05/the-lifespans-of-ancient-civilizations

6   Diamond, J. (2010). Kollaps: Warum Gesellschaften überleben oder untergehen. Fischer Taschenbuch Verlag.

7   Turchin, P. (2010). Political instability may be a contributor in the coming decade. Nature, 463(7281), 608. https://doi.org/10.1038/463608a

8   Turchin, P. (2016). Ages of Discord: A Structural-Demographic Analysis of American History. Beresta Books.

9   ScienceBob. (2012, November 28). 900 Mousetraps Unleashed with Science Bob on Jimmy Kimmel Live. YouTube. https://www.youtube.com/watch?v=XIvHd76EdQ4

10  WHAS11. (2020, April 10). Mouse traps and ping pong balls to show powerful message: »Social distancing works«. YouTube. https://www.youtube.com/watch?v=wJ2NMD3VWi0

11  Buldyrev, S. V., Parshani, R., Paul, G., Stanley, H. E. & Havlin, S. (2010). Catastrophic cascade of failures in interdependent networks. Nature, 464(7291), 1025–1028. https://doi.org/10.1038/nature08932

12  S. Thurner, P. Klimek, R. Hanel. Introduction to the Theory of Complex Systems, Oxford University Press, 2018.

13  Poledna, S. et al. (2018). When does a disaster become a systemic event? Estimating the losses from natural disasters. https://arxiv.org/pdf/1801.09740.pdf

14  Poledna, S., Molina-Borboa, J. L., Martinez-Jaramillo, S., Van Der Leij, M., & Thurner, S. (2015). The multi-layer network nature of systemic risk and its implications for the costs of financial crises. Journal of Financial Stability, 20, 70–81. https://doi.org/10.1016/j.jfs.2015.08.001

15  Thurner, S., Farmer, J. D. & Geanakoplos, J. (2012). Leverage causes fat tails and clustered volatility. Quantitative Finance, 12(5), 695–707. https://doi.org/10.1080/14697688.2012.674301

16 Poledna, S., Bochmann, O. & Thurner, S. (2017). Basel III capital surcharges for G-SIBs are far less effective in managing systemic risk in comparison to network-based, systemic risk-dependent financial transaction taxes. Journal of Economic Dynamics and Control, 77, 230–246. https://doi.org/10.1016/j.jedc.2017.02.004.

17 Thurner, S. & Poledna, S. (2013). DebtRank-transparency: Controlling systemic risk in financial networks. Scientific Reports, 3(1). https://doi.org/10.1038/srep01888

18 Poledna, S. & Thurner, S. (2016). Elimination of systemic risk in financial networks by means of a systemic risk transaction tax. Quantitative Finance, 16(10), 1599–1613. https://doi.org/10.1080/1 4697688.2016.1156146

19 Klimek, P., Poledna, S., Doyne Farmer, J. & Thurner, S. (2015). To bail-out or to bail-in? Answers from an agent-based model. Journal of Economic Dynamics and Control, 50, 144–154. https://doi.org/10.1016/j.jedc.2014.08.020

20 Bloomberg Markets and Finance. (2018, November 14). Greenspan Says Nobody Forecast the 2008 Financial Crisis. YouTube. https://www.youtube.com/watch?v=iLLjBevLPLc

21 Coll, S. (2008, Oktober 23). The Whole Intellectual Edifice. The New Yorker. https://www.newyorker.com/news/steve-coll/the-whole-intellectual-edifice

22 Schumpeter, J. (1947). Capitalism, Socialism and Democracy. Harper.

23 Hidalgo, C. A. & Hausmann, R. (2009). The building blocks of economic complexity. Proceedings of the National Academy of Sciences, 106(26), 10570–10575. https://doi.org/10.1073/pnas.0900943106

24 Klimek, P., Hausmann, R. & Thurner, S. (2012). Empirical Confirmation of Creative Destruction from World Trade Data. PLoS ONE, 7(6), e38924. https://doi.org/10.1371/journal.pone.0038924

25 Thurner, S., Farmer, J. D. & Geanakoplos, J. (2012). Leverage causes fat tails and clustered volatility. Quantitative Finance, 12(5), 695–707. https://doi.org/10.1080/14697688.2012.674301

26 Ceballos, G., Ehrlich, P. R. & Raven, P. H. (2020). Vertebrates on the brink as indicators of biological annihilation and the sixth mass extinction. Proceedings of the National Academy of Sciences, 117(24), 13596–13602. https://doi.org/10.1073/pnas.1922686117

27 Lenton, T. M., Rockström, J., Gaffney, O. et al. (2019). Climate tipping points — too risky to bet against. Nature, 575(7784), 592–595. https://doi.org/10.1038/d41586-019-03595-0

28 Moses, A. (2020, Juni 5). 'Collapse of civilisation is the most likely outcome': top climate scientists. Voice of Action. https://voiceofaction.org/collapse-of-civilisation-is-the-most-likely-outcome-top-climate-scientists/

29 Cooper, G. S., Willcock, S. & Dearing, J. A. (2020). Regime shifts occur disproportionately faster in larger ecosystems. Nature Communications, 11(1). https://doi.org/10.1038/s41467-020-15029-x

30 Hanel, R., Kauffman, S. A. & Thurner, S. (2005). Phase transition in random catalytic networks. Physical Review E, 72(3). https://doi.org/10.1103/physreve.72.036117

31 van den Broeke, M., Bamber, J., Ettema, J. et al. (2009). Partitioning Recent Greenland Mass Loss. Science, 326(5955), 984–986. https://doi.org/10.1126/science.1178176

32 Auf dem Weg in die »Heißzeit«? Planet könnte kritische Schwelle überschreiten. (2018, August 6). Potsdam-Institut für Klimafolgenforschung. https://www.pik-potsdam.de/aktuelles/pressemitteilungen/auf-dem-weg-in-die-heisszeit-planet-koennte-kritische-schwelle-ueberschreiten

33 Cheng, L., Abraham, J. & Zhu, J. (2020). Record-Setting Ocean Warmth Continued in 2019. Advances in Atmospheric Sciences, 37(2), 137–142. https://doi.org/10.1007/s00376-020-9283-7

34 Im, E.-S., Pal, J. S. & Eltahir, E. A. B. (2017). Deadly heat waves projected in the densely populated agricultural regions of South Asia. Science Advances, 3(8). https://doi.org/10.1126/sciadv.1603322

35 Engel, K. (2019, Dezember 22). Was Katzenvideos das Klima kosten. Spektrum der Wissenschaft. https://www.spektrum.de/news/das-internet-verbraucht-so-viel-energie-wie-der-flugverkehr/1693692

36 Laufer, N. (2019, Juli 29). Von wegen CO2-Trendwende: Kritik an Er-
folgsmeldung des Umweltministeriums. Der Standard. https://apps.
derstandard.at/privacywall/story/2000106824437/von-wegen-co2-
trendwende-kritik-an-erfolgsmeldung-des-umweltministeriums

37 Krausmann, F., Wiedenhofer, D., Lauk, C. et al. (2017). Global so-
cioeconomic material stocks rise 23-fold over the 20th century and
require half of annual resource use. Proceedings of the National
Academy of Sciences, 114(8), 1880–1885. https://doi.org/10.1073/
pnas.1613773114

38 West, G. (2017). Scale: The Universal Laws of Growth, Innovation,
Sustainability, and the Pace of Life in Organisms, Cities, Econo-
mies, and Companies (First Edition). Penguin Press.

39 Fukuyama, F. (2018). Identity: The Demand for Dignity and the Po-
litics of Resentment. Farrar, Straus and Giroux

40 Strittmatter, K. (2018). Die Neuerfindung der Diktatur: Wie China
den digitalen Überwachungsstaat aufbaut und uns damit heraus-
fordert. Piper Verlag.

41 About the Sustainable Development Goals. (o. J.). Uni-
ted Nations Sustainable Development. Abgerufen 31. August 2020, von https://www.un.org/sustainabledevelopment/
sustainable-development-goals/

42  Gerichtsverfahren zum Klimawandel. (2018, Januar 15). Wikipedia. https://de.wikipedia.org/wiki/Gerichtsverfahren_zum_Klima-wandel#Gerichtsverfahren_in_einzelnen_Rechtsordnungen

Johannes GUTMANN
Robert ROGNER
Josef ZOTTER

EINE
NEUE
WIRT
SCHAFT

*ZURÜCK ZUM SINN*

edition a

Johannes Gutmann, Robert Rogner, Josef Zotter
**Eine neue Wirtschaft**
Zurück zum Sinn

Irgendetwas scheint mit unserer Wirtschaft nicht zu stimmen. Sie macht wenige Reiche immer reicher, während sie den Rest der Menschheit unter wachsenden Druck setzt. Sie fördert Pandemien und zerstört den Planeten. Aber wo sind die Alternativen? Was brauchen wir und was müssen wir dafür tun? Drei Unternehmer, die immer schon andere Wege gegangen sind, geben Antworten auf diese Fragen und zeigen, wie eine neue Wirtschaft in jedem Einzelnen von uns entstehen kann.

160 Seiten, €20,00
ISBN: 978-3-99001-419-6

# MARTINA
## LEIBOVICI-MÜHLBERGER

# START
# KLAR

## Aufbruch in die
## Welt nach COVID-19

edition a